送给孩子们最好的礼物！

儿童情绪管理

全面提升专注力、社交力和情绪自控力

［荷］伍特·德容（**Wouter de Jong**）◎著　沈静霞◎译　荀寿温◎审

北京科学技术出版社

SUPERKRACHTEN VOOR JE HOOFD

by Wouter de Jong and illustrations by Hein de Kort

Copyright © 2018 Wouter de Jong/Maven Publishing B.V., Amsterdam Published by arrangement with Nordlyset Literary Agency through Bardon-Chinese Media Agency

Simplified Chinese translation copyright © 2021 by Beijing Science and Technology Publishing Co., Ltd.

著作权合同登记号　图字：01-2021-2053

图书在版编目（CIP）数据

儿童情绪管理 /（荷）伍特·德容著；沈静霞译. -- 北京：北京科学技术出版社，2021.9（2025.1 重印）

ISBN 978-7-5714-1549-5

Ⅰ.①儿… Ⅱ.①伍… ②沈… Ⅲ.①儿童心理学—心理训练 Ⅳ.① B844.1

中国版本图书馆 CIP 数据核字（2021）第 093087 号

策划编辑：廖　艳
责任编辑：廖　艳
责任校对：贾　荣
责任印制：李　茗
图文制作：天露霖文化
出 版 人：曾庆宇
出版发行：北京科学技术出版社
社　　址：北京西直门南大街 16 号
邮政编码：100035
电　　话：0086-10-66135495（总编室）　0086-10-66113227（发行部）
网　　址：www.bkydw.cn
印　　刷：河北鑫兆源印刷有限公司
开　　本：787 mm × 1092 mm　1/16
字　　数：196 千字
印　　张：9.75
版　　次：2021 年 9 月第 1 版
印　　次：2025 年 1 月第 8 次印刷
ISBN 978-7-5714-1549-5

定价：79.00 元

致阿瓦（Ava）、布特（Boet）、费利安（Felien）和米娅（Mia）

如果生活
就像打电子游戏，
那么你
需要掌控好
你的游戏机手柄。

先来读读这个

⟶

（免得你白读了整本书）

掌控你的"游戏机手柄"

　　和在电子游戏里一样，你在现实生活中也会碰到不愉快的事：父母的抱怨、和好朋友的争吵、入学第一天的不知所措、觉得自己蠢或者羞于向某人倾诉爱慕之情。但是，不管生活中的问题有多难，只要掌控好手中的"游戏机手柄"，你就能战无不胜！

自我测试

你掌控好自己的"游戏机手柄"了吗？在符合你的选项旁打勾：

- ○ 我从不感到厌倦
- ○ 我总是感到很知足
- ○ 我从没有过不安全感
- ○ 我从不感到羞耻
- ○ 我什么都不害怕
- ○ 我从不感到悲伤
- ○ 我从未被欺负过
- ○ 我从不欺负别人
- ○ 我总是很快乐

测试结果

测试中的所有选项你都打勾了？

这本书不适合你。

有的选项打勾了？

对你来说这是一本完美的书！

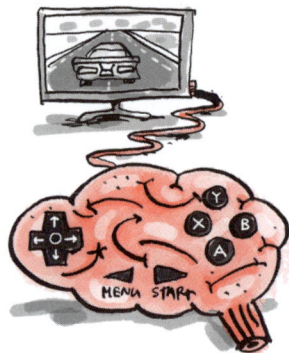

我有超能力？

　　当然了！这些超能力就是你的"游戏机手柄"上的按钮——聪明的技巧和诀窍，当你在生活中面临难关时，它们可以让你更加愉快而有力地击败所有强悍的对手。你还可以训练这些超能力：让自己变得快乐的DJ（音响师）超能力，让自己的注意力像激光束般专注的超能力，过不了多久你甚至可以拥有用自己的大脑"播放电影"的超能力。除此之外，你还可以拥有更多超能力。它们能带给你：

更多的自信　　　　　　更少的忧虑

　　　更简单的知足　　　　　　　更快地完成无聊的任务

在不顺时懂得鼓舞自己　　　更好的专注力　　爸爸妈妈更少的抱怨

　　简而言之，这些超能力会让你的生活稍微轻松一些！

一个你不该丢掉这本书的理由：

在每一章中，你都可以通过做"挑战你的爸爸妈妈"中的任务赢取超级棒的奖品。

奖品：

晚点上床睡觉

有更长的时间看电视和打游戏

更多爱吃的零食

更多糖果

更多零花钱

对愚蠢的任务说"不"

让爸爸妈妈代替自己做家务

丰厚的终极大奖！

谁会不想要呢？

按照下面的步骤赢取你的终极大奖

- 每一章的末尾都有一项终极挑战，完成每一项挑战后，你就在这份协议对应的选项上打个勾。
- 集齐15个勾了吗？如果是，终极大奖就是你的啦！
- 现在就和爸爸妈妈*一起选定终极大奖吧。协议上有3个终极大奖供你选择，当然你也可以自己想出一个。
- 记得让你的爸爸妈妈签上名字，否则这就不是一份真正的协议！

  你也可以把这份协议打印出来，贴在墙上。

耶！

* 你可以和爸爸妈妈一起完成书中的挑战任务。当然，你也可以和其他大人一起完成，比如爷爷、奶奶、邻居家的阿姨或者其他和你亲近的人。本书中提到的"你的爸爸妈妈""你的爸爸""你的妈妈"指的都是和你一起完成挑战的人。

协 议

完成的终极挑战

- 1 想象力
- 2 注意力
- 3 习惯
- 4 想法
- 5 诚实
- 6 情绪
- 7 愤怒
- 8 恐惧
- 9 悲伤
- 10 快乐
- 11 抵触
- 12 羞耻
- 13 分心
- 14 友好
- 15 行动力

快选取你的终极大奖吧!

终极大奖

- 任选一个想去的游乐园畅玩一天
- 普通的一天收到一份超级生日大礼
- 角色互换之夜*
- _____

我郑重承诺,守此约定。

承诺人签名: 爸爸妈妈 / 看护人签名:

_____   _____

尽情享用你的超能力吧!

伍特·德容 (Wouter de Jong)

*角色互换之夜:是指当夜晚来临时,你和爸爸妈妈互换角色——你成了"爸爸或妈妈",而你的爸爸妈妈则成了"你的孩子"。这意味着,到了平时该上床睡觉的时间,你要把爸爸妈妈哄上床,可能还要给他们讲个睡前小故事。接下来,晚上剩下的时间都是你的啦!就像你的爸爸妈妈那样,自己决定看多久电视、吃什么零食以及几点睡觉。

目 录

1

在脑袋里
无拘无束地
"看电影"

如果有一台播放电影的设备，你就可以随时随地看所有你能想到的电影，不但免费播放、终生保修，而且对你还有益处。你对它感兴趣吗？那我就送给你这个礼物：往镜子里面瞧瞧，那台设备就在你的肩膀上。**没错，它就是你自己的小脑袋！**

想象的力量

练习1

　　闭上眼睛，静坐1分钟。
　　你想到了什么？
　　你想到的事物是不是像电影一样在你的脑海中播放？

　　我们一整天都在自己的脑袋里"播放电影"，就像一场无休止的马拉松比赛。你可能会回想起今天学校发生的事情，或者计划着自己在接下来的假期中要做的好玩的事。它们对你有什么用处呢？

练习2

　　闭上眼睛，设想你的嘴里有别人的鼻涕。可能你会发觉自己的脸在扭曲或者感到恶心。现在，回想一下上次你大笑不止的情形，然后想想你最爱吃的菜肴，设想你真的在品尝它。你发现了什么？此时的你会大笑或者流口水吗？

你完成这两个练习了吗？
还没有？！
那赶快吧！

　　就像你在练习2中发现的，你的想象威力无比，它能让你快乐、愤怒、悲伤、恶心或者害怕。你的想象甚至会让你在不知不觉中流口水。虽然想象是不真实的，你的感受却是真真切切存在的！例如，仅仅想象自己结束了一段友情，你就会感到如释重负或者伤心欲绝。

在日本的一项研究中，学生们在涂抹妮维雅乳液后皮肤出现瘙痒、起红点等过敏反应。同样一批学生，在他们涂抹有毒的乳液后却没有出现任何不良反应。这是为什么呢？因为研究人员在学生们涂抹乳液时，将有毒的乳液说成是妮维雅，而将妮维雅说成是有毒的乳液。这项研究的结果被称为"安慰剂效应"。可见，你的想象可以让你获得不一样的结果。

问题的魔术贴

你脑海中的大多数"电影"都是自动播放的，它们往往是那些你担忧的事情，而你并没有刻意去思考。有时候，你的大脑更像是方便又实用的便利贴：在你打游戏时，让你突然想起那一大堆在书桌上等着你完成的作业。如果你不想考试不及格的话，明智的做法是先把游戏放一放。

不过你也会出现无用的想象：如果你的担心毫无意义，那么你的想象会对你起到相反的作用。例如，你一直在回想自己在学校操场上摔的那个丢人的跟头，而你讨厌的同学刚好路过！或者，你因为害怕会搞砸第二天的演讲而整晚躺在床上忧心忡忡，一宿没合眼，而你的困倦恰恰搞砸了你的演讲。

成为大脑的主人

　　针对那些常常会自动播放的忧伤的"电影"，我们需要采取一些干预措施，从而让我们自己来选择播放的"电影"。先来看看练习3。

练习3

　　安静地坐下，闭上眼睛（等等！先读完下面的内容）。脑海中想象一个你现在非常想去的地方：沙滩、树林或者你虚构的地方，比如一个遥远的星球。

　　现在你身在其中，你听到、看到和感受到了什么？

　　那是属于你的地方，你可以随心所欲。设想一个你非常喜爱的人恰巧经过，他（她）可以是你的奶奶、爸爸或者你的偶像。想象你们给了彼此一个拥抱或一记拳头。之后对方说了一些你喜欢听的话，比如"我爱你""你能做到的"。要是你愿意，也可以跟他们说些什么。这样，你就在自己的脑袋里进行了一场对话。接下来，说声"再见"并睁开眼睛。

在脑袋里播放正确的"电影"可以让你更好地运动、学习，更容易地保持平静。

（这一点被多个实验证实。）

　　这个练习也许会让你发现，自主选择想象的内容可以让自己感到更快乐。你的想象还可以胜任更多任务，**因为它是你的一个超能力！**

千真万确！

　　如果运动员们预先在脑海中设想自己在赛场上如何拼尽全力，他们会发挥得更好。

　　在有些医院，病人们会通过学习如何在脑海中"游览"自己喜爱的地方来更好地对抗疼痛。

　　事实表明，考试前在脑海中想着某位睿智的教授要比把自己设想成一个没头脑的足球流氓能让你取得更好的成绩。[1]

挑战你的爸爸妈妈！
木头人挑战

让你的爸爸妈妈闭上眼睛，给他们讲下面这个故事！

他们的挑战内容：不能牵动任何肌肉，既不能笑也不能皱眉头。他们做不到？

那你就获胜啦！
耶！

奖励

获胜了吗？

闭上双眼。

你在单位上班时脱光自己的衣服，大声和同事们说："我太热了，这样好一些！"

所有的同事都吃惊地看着你，你却全然不加理会，光着身子起身去冲咖啡。咖啡售卖机周围的人都盯着你，你依然我行我素并试着把咖啡往鼻子里面倒，并说："这是我妈妈的秘方——用鼻子喝咖啡可以治疗感冒，你们也可以试一试！"

然后你突然说："嘘！我好像听到那儿有只屎壳郎。"接着你放一个巨响的屁，大喊道："愚人节快乐！"

你爆笑了1分钟后冲着沉默不语的同事们喊道："我笑够了，让我们开始工作吧！"接着你一边唱着"祝你生日快乐"，一边蹦蹦跳跳地回到自己的办公桌旁。

下一次你的爸爸妈妈要求你做讨厌的家务时，比如摆餐盘，你可以冲他们喊"黄瓜"，这样他们就得自己去做；或者他们要求你大清早起来穿衣服时，你可以让爸爸妈妈来帮你穿一次，就像你还是幼儿园小朋友时那样。

通过木头人挑战，你有没有发现在别人的脑袋里播放"电影"多么容易？那就把它用在自己的身上吧！如果你觉得不错（或者你懒得自己做），问问你的爸爸妈妈是否愿意带你进入他们讲述的奇幻故事中：你像一只小鸟一样划过天空，或你正漫步在满是珍禽异兽的树林中。你可以在这个时候舒舒服服地睡一会儿。

小贴士

除了借助父母的想象，你也可以成为自己电影脑袋的主人，来做下面这个练习。

你的如播放电影般丰富的大脑将是伴随你一生的快乐之源！

你希望自己更加平静、强大、聪明或快乐，少些寂寞？那就使用想象这个超能力在你的脑海中找一部"电影"来帮助自己。

睡不着？

那就设想自己躺在沙滩上晒日光浴，温暖的阳光照得你懒洋洋的。

想好好地准备自己的演讲？

那就想象自己充满自信地站在讲台上演讲，一一回答同学们提出的问题。

害怕牙医或者黑暗？

那就想象一头狮子在你的身边守护着你，给你勇气。

小贴士

你可以按照自己的意愿让脑海中的"电影"变得有趣、顽皮、幼稚、怪异或者疯狂，没有规则和界限，没有人会知道你在想什么。只要你愿意，你的所思所想永远都是属于你一个人的秘密。

写给你的爸爸妈妈的一段无聊的话

无聊的一段话

多项研究表明，定期进行视觉想象的孩子会有更好的表现：病痛时的疼痛感更轻，可以更轻松地学习，并且表现得更加冷静[2]。在睡前带着孩子进行一次简短而愉快的视觉想象，并让它成为一个日常习惯。

终极挑战

什么？现在就可以了！耶！

还没有阅读终极挑战的说明吗？翻到第3页，了解如何赢取丰厚的终极大奖。

想象力

> 每天花一点时间（早晨起床的时候、晚上睡觉前或者在你需要的时候），在你的脑海里播放一部小"电影"，让自己感觉更安全、更满意、更强大或者更快乐。

你可以这样做：

1. 停止手上在做的事。

2. 做几组深呼吸。

3. 尽可能放松地坐着或站着。

4. 花几分钟时间构想自己的"电影"。

（设想你的所感、所嗅、所听与所见。最重要的是你要意识到这部"电影"会给你支持，观看时你会感到愉快。）

瞧瞧这些好办法。

5. 你每天都进行"电影"构思了吗？在你完成的那一天上面打上勾吧。

星期一　星期二　星期三　星期四　星期五　星期六　星期日

7天都完成了吗？

不要作弊！
每天只能打一个勾！

想象力暂时枯竭了？

不要慌，下面这些办法可以助你一臂之力。

与一位超级英雄对话，或者想象一位能够给你建议的奇幻人物。

把自己想象成一座小山，尽管周围充斥着拥挤和喧闹，你依旧稳稳地站在原地，平静如初。

和你喜欢的人见面，从他（她）那儿获取一份特别的礼物。那是什么呢？或许是一枚幸运硬币（或一台PlayStation游戏机）。好好研究一下你得到的礼物，因为有些时候你会需要花一些时间去理解它的真正含义。

想象自己看见不同颜色的光，比如从你的心脏照射出来的一束美丽的白光，或者穿透你的手心的彩虹般的光芒。

想象自己在一个可以完全做自己、没有人会看到自己的好地方：一间树屋、一片沙滩或者你最爱的游戏世界。

老生常谈：

就像踢足球、跳芭蕾舞和打游戏一样，练习得越多，你就会越擅长。

耶！

完成挑战！

在圆圈里打勾，记得也要在协议上打勾。

2

注意力

像激光束一样
全神贯注

蜘蛛侠面具?一件睡衣?答案是二者都在图中!请再仔细看一看。现在挑战来了:你能够同时看到二者吗?大概不行(除非你有外星人的大脑),因为我们的大脑无法将注意力同时放在睡衣和蜘蛛侠面具上。你的注意力就像一束激光,一次只能对准一样东西。当你脑中想着某样东西时,你的"激光束"就会对准它。例如,当你想着心爱的糖果时,你是感知不到自己的大脚趾的。

塑造自己的小脑袋

敲一下你的脑壳。听上去像不像里面是空的?也许里面什么也没有,但实际上你的脑袋里漂浮着一个重1～3千克的灰色"意大利面团"——你的大脑,它是一台"超级电脑",比PlayStation游戏机还要强大百万倍。它为你安排了所有的事情:你的所想所感,你的举止行为,以及你将如何解读这句话。

你的"超级电脑"会自我发育——不断生成脑细胞,但受限于头颅容积的大小,也会有脑细胞死去,否则你的大脑会从你的耳朵里长出来。那么,谁来决定哪些脑细胞生成、哪些死去呢?**答案是你的像激光束般的注意力。**

千真万确!

你知道吗?当你读这句话时,大脑活动产生的能量足够点亮一盏灯!

那些你给予更多关注的东西会促成大量相关的脑细胞的生成。大脑的这种发育模式被冠以一个难懂的词——"神经可塑性"。如果你经常打游戏,那么能让你精于这款游戏的脑细胞就会生成;而一旦你停止打游戏,那么这些脑细胞就不会活跃,也就是你的游戏技能会慢慢生疏。如果你花大量时间担心,那么你的大脑会发育成为一颗货真价实的"担心大脑",使你越来越容易担心。

凭借激光束般的注意力，你就可以成为自己脑袋的雕塑家，决定自己要发展哪些强项。因此，掌控你的"激光束"十分重要。然而，你确实掌控了自己的"激光束"了吗？

"激光"故障

练习2

你注意到标题"塑造自己的小脑袋"的下方段落中出现的病句了吗？

重新读一遍那段文字，发现了吗？非常棒！病句之所以一开始被你忽视了，是因为你没有把注意力放在识别病句上。如果你事先留意，那么你很有可能会发现它。

一位蒙着眼的超级英雄

你的注意力不仅经常出现疏漏，还会像活蹦乱跳的猴子一样难以集中。尝试做下面的练习3。

练习3

把注意力集中在左边那个偷看的男孩上，而不是右边那个射击的人。每次当你发现自己分心时，就用手指计数。你可能会因为周边的环境而分心，比如你哥哥放的一个屁，或是你看到的东西，从而使你还是朝那个射击的人看去。你也可能因为自己脑海中的思绪而分心，将注意力转向了完全不同的事物，比如即将到来的生日，或者你在课堂上发表的令人尴尬的评论。如果你的10根手指都竖起来了（也就是你分心了10次），那么你可以停止这个练习了。

发现了吗？你的10根手指很快就全部竖了起来，因为你很容易分心。你就像一位蒙着眼的超级英雄，任凭你的"激光束"在四周乱扫。某一刻你把自己的注意力集中到某个想法，之后又聚焦到某个声音，然后集中在另一个想法，而后又聚焦到了某个情绪……如此不断循环。下面列举出了你脑袋里可能会出现的各种状况：

明天我要带什么去学校？

我闻到了炸薯条的味道！耶！这就去吃薯条。

还有点押韵哈……

我得在Spotify（音乐服务平台）上搜一下那首歌。

还有一些其他的东西我也要搜一下。

对了！不能忘记日程表。

我不该花这么长的时间看手机。

可是我要带什么去学校？

我不能忘记带的东西是……

我要联系一下罗宾。

呃，我又在看手机了。

先查看一下点评吧。

我得联系罗宾。

要说什么来着？

不知不觉中，你的"激光束"进行了一场全方位的扫射，但你第二天并没有带论文（没错，这才是你要带的东西）去学校。

停止"时光旅行"

据科学家估算，人们每天约有一半的时间在做白日梦，所以，其实你并不清楚自己把注意力的"激光束"对准了哪里。那么这些白日梦是什么内容呢？答案是你被有关未来和过去的想法所吞噬，**就像在自己的大脑里进行一场时光旅行**。你的思绪从你正在品尝的美味冰激凌转到了临近的小测验，或者在夏令营中遇到的最美的女孩或最帅的男孩。也可能你在满嘴都是冰激凌时已经在担心它快被吃完了。这时候，其实你并没有品尝到冰激凌的美味，因为你和你的注意力在别处。真是浪费了那么好吃的冰激凌。

还有一个例子：你正在收拾桌子，但同时又在想自己其实更想看短视频，于是你闷闷不乐地在那儿收拾，进展变得很慢。**科学家告诉我们，如果你心不在焉，你正在进行中的活动的速度平均会变慢至原来的1/7。** 这意味着你将花7倍的时间收拾桌子，并因此剩下更少的时间去看短视频！除此之外，你还会出更多错：比如摔了一个杯子或者忘记放洗碗机的洗涤块。科学家对此做出的解释是，如果你在两项不同的活动之间切换过于频繁，你的"激光束"会更快变弱、耗尽。

"如果你一只脚踩在未来，另一只脚留在过去，那么你的现在会变得一塌糊涂。"

——我的海牙老叔

由此可见，你需要全神贯注地去做任何家务或作业，因为那样既不会让你看起来很蠢，也可以让你花费更少的时间而完成得更好。在你和别人谈话时，不要同时看手机。如果你要洗碗，不要因为幻想而分散注意力，而是要完完全全地把注意力集中在洗碗这件事上：感受水顺着双手流淌，体验自己是如何紧握餐盘的。你可以把自己想象成一台正在聚精会神工作的洗碗机器人，家务活往往会变得有趣得多，也能完成得更快。

练习4

这个星期你打算全神贯注地做哪些事？在对应的圆圈中打勾：

- ⬤ 洗碗
- ⬤ 做作业
- ⬤ 刷牙
- ⬤ 画画
- ⬤ 骑自行车
- ⬤ 运动
- ⬤ 其他：＿＿＿＿

DIY小贴士

想知道我们的"激光束"对准得有多差劲吗？到火车上、图书馆或饭店找一位陌生人聊天（谈论天气之类的话题）。之后和你的聊天伙伴说你得去趟卫生间，请他帮你照看一下包。等你走开后，让你的一位（女性）朋友走到你的座位，并说："谢谢您帮我看包。"大多数人都不会发现这个换人的小把戏，你敢打赌吗？

呼吸超能力

正如肌肉在训练后会变得更加强壮，你也可以对你的注意力"激光束"进行训练，让你的专注力变得更强大，可以自己决定把注意力集中在哪里。所以，你完全可以将小脑袋塑造成你想要的样子。

为了将你的思绪从过去及未来的"时光旅行"中拉回来，你需要将你的"激光束"对准此刻的某样东西。那么什么东西始终是此时此刻的呢？正是你的呼吸！没错，你的小脚趾也一直都在，但你会更容易忘掉它。呼吸的起伏会更容易被注意到，也比你的小脚趾稍微有趣些。通过关注你的呼吸，你的思绪从"时光旅行"中归来，此时此刻，你的双脚重新站在了地上。试一试。

练习5

闭上眼睛，将注意力的"激光束"对准你能感受得到呼吸的部位——你的腹部、你的胸口，或者你感受到的穿过鼻孔的气流。把手放在腹部或胸口，感受它随着你的呼吸上下起伏，怀着好奇心去感知。呼吸没有错误的方式，你只需保持自然。如果你发觉自己的大脑开始了前往未来或过去的"时光旅行"，那么此时你可以为自己感到骄傲，因为它被你察觉到了。然后再将注意力缓缓带回到你的呼吸上。

呼吸训练是如何发挥作用的呢？下面这个例子会更好地帮助你理解。假设你正在做计算题，不知不觉间你的思绪漫游到了前一天晚上的枕头大战上。为了让自己从这场"时光旅行"中回到眼前的计算题，你可以先将注意力集中在你的呼吸上，一旦回到眼前的场景，立即将你的注意力放到你正在做的事情上。现在你可以集中更多的注意力在这道计算题上了。

阅读右侧的"千真万确"。
你希望用这项技能达成什么心愿呢？
在对应的心愿上打勾。

千真万确！

科学研究表明，如果经常把注意力放在自己的呼吸上，你的确会从中获益。

坐山式

　　还是觉得很难集中注意力吗？那就试试坐山式（瑜伽的体式之一）——关注自己呼吸的同时设想自己是一座小山。**不要笑啊，这真的管用！** 因为无论在什么季节，不管是雾天、雨天还是暴雪天、大晴天，山仍然是山，总是保持平静和强大。你要像山一样，不管遇到或感觉到什么，始终都要保持平静和强大。所以，坐端正并尽可能放松，像山一样平静、不动摇。你一旦不可避免地分心了，就让你和你的注意力再回到呼吸上。

○ 变得更加平静。
○ 担心的事变少。
○ 不会轻易害怕。
○ 身体变得更健康。
○ 变得更加快乐。
○ 能更好地集中注意力。
○ 能更好地控制自己。

　　或许你会发现像一座小山那样坐一会儿感觉还挺不错，这其中的妙处就是你能在自己需要的时候更容易平静下来。如果经常练习坐山式，你甚至可以做到在纷繁杂乱的环境中保持注意力集中。例如，**即使整个班级的同学都处在忙乱和分心的状态，你的"激光束"依旧可以强大有力。**

小贴士

试试将你的"激光束"每天对准呼吸3次。如果可以选择固定的时间段，比如在课堂上或厕所里、在排队或写家庭作业时，效果将会更好。让你的注意力"激光束"变得更加强大吧，因为它是你的一个超能力！

挑战你的爸爸妈妈

分心挑战

这个星期你要和爸爸妈妈进行分心挑战！

如何进行？接着往下看吧。

设置一个时长为3分钟的闹钟。

按照下面的方法进行：

将你的注意力"激光束"对准自己的呼吸，
感受腹部的上下起伏或者气流穿过鼻孔。你需要睁着眼睛。

不管发生什么，记住不要分心！

让你的爸爸妈妈按照下面的方法参与挑战：

尽可能地分散你的注意力。

比如跳一段滑稽的舞蹈、做出许诺（"如果你现在动一下，就能得到一个
冰激凌"）或者发出奇怪的声音。除了触碰你，他们什么都能做。

什么时候算你输？

如果你动了或者说话了，你就输了。

你能够将"激光束"连续3分钟对准自己的呼吸吗？

小贴士

尝试和你的爸爸妈妈互换
角色。想办法分散他们的注意
力吧！

太棒啦！
你获胜啦！

鸡腿

没有成功吗？

那么当你的爸爸妈妈问你这个星期在学校过
得怎样时，你要给他们一个详细、真诚的回答，
不能用简短的"有意思"或"没劲"来敷衍。

小贴士：一直坚持下去，直到成功。

获胜了吗？

恭喜你，这个星期将有一
顿晚餐由你来决定吃什么。

终极挑战

注意力

这个星期里每天都要进行呼吸计数练习。

练习方法：

1. 设置一个时长为5分钟的闹钟。

2. 尽可能放松地坐下。

用你的腹部、胸腔或者鼻子感受你的呼吸，你也可以把手放在胸口或腹部。

3. 现在开始数你的呼吸。

在吸气时默念1，呼气的时候再次默念1。下一个吸气时默念2，呼气的时候同样再次默念2。就这样一直念到10。然后重新开始计数，直到你再次数到10。一旦你忘记数到哪儿都要从1重新开始。切记，即使出现失误也不要生气，因为那样你会更容易分心。

也可以试着一直数下去。
你可以心无旁骛地一直数到多少？50？100？
试着挑战自己，每一天都多数一点。

小贴士：计数时用你的手指。

星期一 星期二 星期三 星期四 星期五 星期六 星期日

你每天都进行呼吸计数练习了吗？

为了获得终极大奖，千万别忘记在旁边的圆圈内和协议上面打勾！

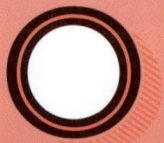

最后：

把无聊的文字留给爸爸妈妈，看看下面这幅画吧。

写给你的爸爸妈妈的一段无聊的话

　　通过训练注意力，你的孩子将学会更好地集中注意力、更好地管控自己以及更有建设性地对待自己的情绪。[3] 请经常鼓励你的孩子关注呼吸，比如可以一家人围坐在桌子旁玩"传递呼吸"的游戏：第一个人安静地进行3次呼吸，同时用手指在空中倒数3、2、1；之后旁边的那个人接着同样数3次呼吸。这样进行下去，直到每个人都轮到。

3

习 惯

训练你的
"自动机器人"

交叉你的双臂。很容易吧？现在再来一次，但要交换上、下手臂的位置。是不是没有那么容易了？这是因为你总是不假思索地用一种方式去做，因为你就是这样教会自己的。只有在你换外一种方式做的时候才会意识到自己的动作。

你的大脑里面是有魔法的！

如果经常做某件事情，你就会形成自动的模式，成为你的一个习惯，仿佛你是一台机器人。当你还是小宝宝时，你需要学习行走，而现在你走在街上时根本不需要考虑如何抬起或放下你的脚。阅读也是一样的原理。"脑大至甚以可动自读阅"这句话中"实其词字的序顺"是错乱的。

喝水、阅读、行走、刷牙、玩Snapchat（照片分享应用）、说话、思考……都或多或少地属于你的大脑的自动行为，因为你对这些行为太熟悉了。所以，人类是习惯性生物：**你的行为中有90%是靠"自动机器人"完成的！**

觉得很幸运吧？因为这为你节省了大量的时间和精力。难以想象，如果足球运动员在比赛中每踢一脚都要先思考怎么去踢……

要先想好怎么去踢，踢球也太难了……

右腿往后！！！

好……我往后了……

现在往前！！！

好！那现在呢？

感受到你的"自动机器人"有多强大了吗？
选择一项你今天打算尝试的挑战吧。

- 换一只手开门、挥手和刷牙。
- 把手表戴在另外一只手的手腕上。
- 今天要保持两只脚同时站立，而不是倚在一条腿上。
- 嗯……一整天都不说口头禅，例如，其实、还是、大概、那么（有趣、蠢、搞笑）、你知道吗？

"机器人"大权在握

拥有一个什么都能替自己做的"机器人"还真的很棒。但是，如果你的"机器人"拥有的权力太大了呢？如果它迫使你不得不每分钟都查看手机呢？如果它总是迫使你不假思考地呵斥你的妹妹呢？

练习3

在下面列举出3件你经常做但并非真心想做的事情，例如，拖延而不去做一件烦人的家务，吃太多糖果，说其他孩子的八卦，不积极参与体育活动，在愿望没有被满足的时候朝爸爸妈妈大喊大叫，不能接受失败……

暂停！别急着往下读。先按我说的做！

1. _____
2. _____
3. _____

让我们做些改变吧。怎样做？那么接着往下读吧。

在印度，一头被一根细绳拴在柱子上的成年大象在突然发生火灾时却原地站着不动，而它本来可以很容易挣脱掉细绳的。为什么它没有那样做呢？原来在它幼年时，它总是被一根粗大的链条锁着，虽然曾经尝试过挣脱束缚，但始终没有成功，所以它再也不做尝试了，哪怕后来只是被一根细绳拴着。幸运的是在火灾中有人将它的绳子解开了。

"机器人"的主人

幸运的是你不必去摆脱你的习惯，而且如果能用好习惯将尽可能多的坏习惯替换掉，会更令人欣喜。例如，在输掉"大富翁"游戏时，保持平静而不是把游戏盘当作球拍；在入睡前想想有趣的事情而不是忧心忡忡。但是要怎么去做呢？

你的习惯决定你是否快乐

你拥有自己的"机器人"，而且一天中的大部分时间由它为你工作。但是这个"机器人"也会想做一些你并不认同的事。例如，出于习惯，你的"机器人"会想独吞口袋里的士力架，而你更想分享给你的朋友。如果你想做出改变，那么你必须要严厉地告诫你的"机器人"并且让自己来做出决定——分享士力架而不是自己吃掉。如果你经常这样做，那么分享就会自然而然地成为你的一个好习惯。

23

为了从曾经的习惯中走出来，你要对你的"机器人"响亮地喊出："HO（嗬）!"不方便呐喊吗？没关系，你也可以在心中默念。"HO"代表着你接下来要做的事：

"H" 主动做3次呼吸，并用腹部、胸腔或鼻腔感受你的呼吸。

"O" 发现自己真正想做的。因此你必须先思考一个问题："当我下个星期回过头看时，我最希望自己做了什么。"

当你的"机器人"想让你撕掉一幅失败的画作，并且生气地把它扔到地上时，对自己说**"HO"**。**先让自己进行3次呼吸**，并思考一下，自己是真的想那样做吗？如果一个星期后回头去看，自己会因为撕掉了这幅画而高兴吗？自己已经在上面花了相当长的时间，或许还能拿它来做些什么。所以，尽管你的画作失败了，但值得庆幸的是你还可以选择如何和失败相处：接受不成功，并且再次尝试；或者将它变成一幅抽象画（就是那种画面模模糊糊、难以理解为什么会有人花那么多钱去购买的画），谁知道将来你会不会用它挣笔钱呢。

还有一个例子：
你的爸爸给你炒了一盘孢子芥蓝。
而你的第一反应则是想说：

太过分了! 孢子芥蓝就是蔬菜中的大便!

相信我，你的爸爸听到这个回答并不会觉得有趣，因为这是他费心费力为你做的菜。

这个时候你需要对你的"机器人"喊出**"HO"**，然后换一个聪明的说法："谢谢老爸给我做饭。虽然我不喜欢孢子芥蓝，但我会再试着吃吃看。下次我帮你做饭时，让我为你做一份薯条吧，怎么样？"

听了你的回答你的爸爸一定会很高兴，说不定你还会得到一盘薯条！
试一下吧。

24

时刻记住，你借助"HO"超能力就会成为自己的"机器人"的主人。忙碌的学业难免会让你忘记自己拥有的超能力，比如完全出于习惯，你又一次没到操场上和同学一起玩，而事实上你希望和他们一起玩。相信自己，只要你勤加练习，你一直都会是你的"机器人"的主人。

练习4

这个星期，为自己选个东西随时带在身边吧，让它提醒你，你才是自己的主宰者，而不是你的"机器人"。从这些选项中选择一个吧，或者自己想出答案写下来。

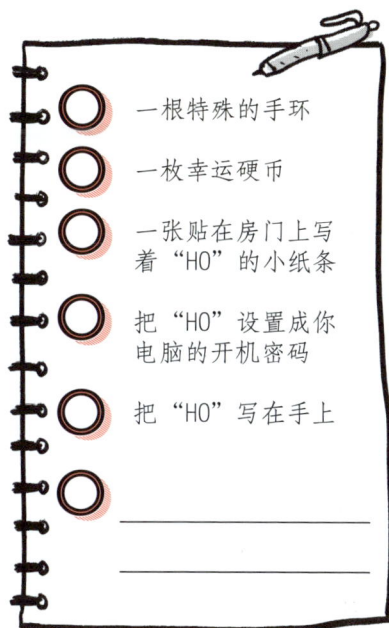

- 一根特殊的手环
- 一枚幸运硬币
- 一张贴在房门上写着"HO"的小纸条
- 把"HO"设置成你电脑的开机密码
- 把"HO"写在手上
- _____

小贴士

大脑和锚的窍门

再告诉你一个提醒自己的小窍门：每次在你使用"HO"超能力的时候，都用手指做一个相同的特殊手势。比如，将小拇指和大拇指碰在一起。长此以往，很快你的大脑就会明白，每当你做这个手势时，代表着你才是主宰者。你的这个手势正是大脑的"锚"，它成就你的一个超能力。

挑战你的爸爸妈妈
打败你的"机器人"!

你肯定要比你的"机器人"强大吧?
用下面的挑战证明自己!

选择一份你心爱的零食(比如一包超级美味的薯片),把它塞进一个桶里。

把桶放在你的房间。当然,只要你愿意,你随时可以把零食吃光!

但是你能做到多久不去碰它呢?

你可以整整一个星期不去碰这份心爱的零食吗?
你做到了! 你打败了你的"机器人"!

快看看你的奖励吧:

翻倍的零食! 现在你可以拥有2包薯片啦。
(和你的好朋友一起"分赃"或许是个好主意。)

注意当你的"机器人"试图成为你的主人时,
你是什么样的感觉。胃里抑制不住的饥饿感?
馋得直流口水? 手会不由自主地抓住那包薯片?
越早察觉到这些,你就越有机会及时喊出"HO"。

奖励

HO

获胜了吗?

你将得到双份心
爱的零食!

你轻易就放弃了吗? 第一天你就已经满嘴薯片了? 没有关系,放心大胆地继续去挑战(反正你每个星期还能有零食☺),你越多地对你的"机器人"说"HO",它越会对你言听计从。

终极挑战

习惯

这个星期，每天至少使用一次"HO"超能力。

回头看看你在练习3中列在清单里的那些你经常做但是希望有所改变的事。你准备如何改变自己？对自己说："HO，妹妹惹你生气的时候，不要呵斥她。""HO，立刻去做作业，不要一拖再拖啦。"

你觉得很难吗？那就对了，因为你的"机器人"需要时间去适应你的"HO"。如果你的"机器人"非常强大，那就鼓励自己："HO，不要放弃，下次我会赢！"

在你使用"HO"超能力的那一天打勾：

| 星期一 | 星期二 | 星期三 | 星期四 | 星期五 | 星期六 | 星期日 |

你每一天都使用"HO"超能力了吗？

为了获得终极大奖，记得在右侧的圆圈和你的协议上打勾。

写给你的爸爸妈妈的一段无聊的话

尽可能让你的孩子自己做选择，比如怎么花零花钱、怎么安排课余时间、几点起床。这会增强孩子的自主性以及独立摆脱驱使的能力。你可以给出一些自己也能接受的选项，让孩子从中选择。在孩子做出自主选择时，家长们往往会忘记表扬孩子，尤其是当孩子经过一番挣扎后才做出取舍时。[4]

4

想法

成为自己的国王

在你读这句话的时候，不管你是否愿意相信，你的肾脏同时正在形成尿液，你的大脑也在自发地、一刻不停地思考。你不相信吗？

练习1

　　先别去想那个你喜欢的同学，或者尝试不去想象你面前有一位牙齿又脏又黄的牙医。没错，你现在必须停止去想。我说什么来着？！

不要再去想！

没有成功吧？**因为试图停止思考是不可能的，就像你无法让肾脏停止形成尿液一样。** 但那些在我们大脑中不停产生的思绪究竟是什么？它们可能是我们想对自己说而没有大声说出来的悄悄话，也可能是你想象自己得到了一件梦寐以求的礼物的画面。你平均每天会有50000个想法，而你根本无法留意全部的想法。大多数的想法都像赛车一样，在你的大脑快车道上飞驰而过，它们的速度如此快，以至于你自己都不清楚究竟在想什么。无独有偶，其实你的爸爸妈妈也常常不知道自己在想什么。

禁止思考

好，不过……警察叔叔，我确实什么也没想。

我不相信……

姓名？

练习2

停止看书，留意接下来的1分钟自己都想了什么。把你想到的写在下面的小汽车里。

我想吃炸薯片。

我到底在想什么？（没错，这也是个想法！）

我现在在思考吗？

好蠢的练习！

发现了吗？你在小汽车里写下的都是一些无厘头的想法。思绪向你袭来，它们在你脑袋里的快车道上飞驰而且不遵守交通规则，而你作为交警，却只能拿着停止标牌，无能为力地旁观。想法无厘头又怎样，即使是卑劣、不友善、暴力或者肮脏的想法，你也只是一个旁观者。你不用为此感到自责或者羞耻，因为任何人都会产生这样的想法。**哪怕是你的和蔼可亲的奶奶有时候也会想些肮脏、奇怪、让人讨厌或卑劣的事情。** 要是她否认的话，说明她也会说谎（这是真的！）。

可见，你并非总是对自己的所思所想拥有发言权。但是你拥有一个超能力，能让自己不被自己的想法控制。在本章，你会学到一些小技巧和恶作剧，帮助你把头脑中

捉弄你的大脑

飞驰而过的"想法赛车"带上正确的轨道。有时候，你的想法会在你的脑袋里一直绕圈，就像汽车一直在环岛上行驶。同样的想法像幽灵一样久久不散？那就花几分钟把你的注意力放到呼吸上或者脚后跟的感觉上，因为你只能够把注意力放在一样东西上。你现在可以利用这个方法让你的大脑暂时摆脱那些幽灵般的想法，获得片刻安宁。

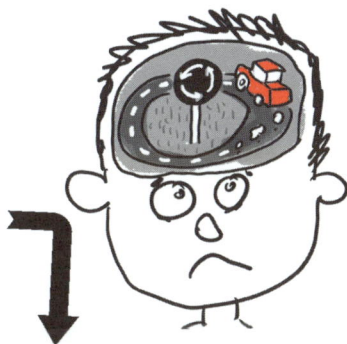

现在就已经忘记自己的"激光束"了吗？回到第2章，重新读一遍！

你的想法在说谎吗？

你在1分钟内通常会产生10～20个想法。可是，**你的所思所想全都是真实的吗？** 读一读下面这段话：

克里斯去上学时有点担心计算课，她前一天没有管理好班级，而且那也不是一个楼管的工作。

显然，不知不觉间克里斯在你的头脑里先从男生变成了女生，又变成了老师，最后变成了楼管。此时，你已经不确定克里斯真正的想法是什么了。有时，你的思绪是完全不真实的虚构，可怕的是它有时会给你的生活带来消极影响。比如，你认为某个朋友正在生你的气，然而他生气只是因为他脾气暴躁，其实跟你毫无关系。

欺凌者和支持者

练习3

在心里默念10遍："我什么都不行。"你感觉如何？现在再在心里默念10遍："我什么都可以。"你现在又感觉如何？发现差别了吗？

"你不应该相信自己所有的想法。"

——小露丝（Loesje）*

* 译者注：Loesje是一家位于荷兰阿纳姆的言论自由组织，它通过海报上简短的口号传播创新、积极、哲学、批判的理念，并以一位女性的名字Loesje为海报署名。

通过练习或许你会发现，你的脑袋里的那个声音有着无比强大的能量，它让你感到害怕、愤怒、悲伤、快乐、无助或者自信。有时，你真正需要的也许并不是真实的想法。当你面临一次测验时，如果你心里想的是"我不会计算"，那么你只会感到痛苦，更加不能专心，最终只得到了一个糟糕的分数。如果你的想法变为"我要尽最大的努力"，那么你就能感觉更好，并很可能得到一个更高的分数。所以，在同样的场景下，你会有不同的想法（欺凌者和支持者）来欺凌你或者支持你。通常，欺凌者会说："这行不通，我很笨，这要怪老师，别人更好，我什么都不行。"支持者则会说："至少我尽力了，我还是会很多东西的，我是可以出错的，我没问题。"支持者就像是你脑袋里的粉丝团。再来看看下面的表格中列举的例子。

场景	你的想法	你的感受
你站在全校最受欢迎的女孩旁边	**欺凌者：** 我好丑，其他的男孩都比我帅得多。 **支持者：** 她真漂亮，而我也有优秀的地方！我有漂亮的小卷发，而且乐于助人。	☹️ 🙂
你没有获邀参加皮姆的聚会	**欺凌者：** 皮姆是个傻瓜。 **支持者：** 或许我可以去和其他人做些有趣的事。	😠 😎
你的考试成绩中有一门不及格	**欺凌者：** 我好笨，什么都不行。 **支持者：** 至少我尽力了。我应该想一想如何去提高。	☹️ 😐

设想一个让你觉得头疼的场景。比如，别的孩子在谈论你的八卦，你做事情总是拖拖拉拉或者你得早早地上床睡觉。现在参照上一页的表格来填写下面的表格。

如果觉得太难，你可以请你的爸爸妈妈、姐姐或者最好的朋友帮助你。当然你也可以偷偷摘抄第36页的"终极挑战"中的支持者和欺凌者语录。

场景	你的想法	你的感受
	欺凌者：	
_____	_____	○
_____	_____	
_____	**支持者：**	○
	_____	
	_____	

你当然不能等着那些欺凌者自己出现，你要做的是主动摆脱它们！该如何做呢？以欺凌的罪名"逮捕"它们。**每当你察觉到大脑中的欺凌者时，就给自己一个大大的"赞"，大喊一声"抓到你啦！"** 你真的太棒啦！能在脑海中一掠而过的众多想法中揪出一个欺凌者来。因此，当你发现欺凌者时不要生气，相反，你应该感到自豪，因为你逮到了它。接下来你要做的是忽视它，并构想出一个支持者的想法来帮助自己。

你知道吗？很多大人觉得很难将欺凌者替换成支持者，因为他们在像你这么大的时候并没有进行相关的学习。但幸运的是，你现在正在学习。问问你的爸爸妈妈，他们自己的欺凌者是什么。或许你可以帮助他们找到支持者——能够帮助你的爸爸妈妈的想法。

这个星期，你曾被一个欺凌者想法困扰吗？它是不是在你的脑袋里挥之不去，让你不知道该怎么办好？那么就让这个想法纵情驰骋吧。你只需站在路边朝它挥手，大喊"再见"。如果你心里的想法是"我好笨"，那么你就对自己说："平静一些吧，我忙碌的脑子，你又在肆意发挥了，你又无计可施。"或者说："看吧，我脑袋里开着一辆想法之车。"

必须！

我要求你现在"必须"阅读这段话！听完这句话你还会想读吗？很少有词语像"必须"一样有如此大的压迫感。没有人喜欢被要求必须做什么事情，因为太消耗精力了。奇怪的是，你经常对自己说"必须"这个词却不允许别人使用。试着在你想使用这个词时用"要""想""可以"来替代。用"我要吃光我的饭"代替"我必须吃光我的饭"。这样做会让你变得脾气没有那么坏。敢打赌吗？

小贴士

你不确定自己脑袋里的是欺凌者还是支持者吗？回答下面两个问题：

1. 这个想法是真实的吗？
2. 这个想法能帮助我吗？

"我永远也学不好计算。"

1.这个想法是真实的吗？不完全是。我经常不及格，但有些时候也及格了。

2.这个想法能帮助我吗？不能，这个想法只会让我的计算变得更糟糕。

你现在必须吃糖！

算了吧……你的话让糖变得不再好吃了。

嘿嘿嘿嘿

挑战你的爸爸妈妈！

想法记录

来吧，把在沙发上偷懒的爸爸妈妈再次拉起来！
是时候来一次新的挑战了。

将闹钟设置为2分钟。

你和你的爸爸妈妈分别写下
2分钟内脑海中闪过的所有想法。

有错别字？
没有关系！尽可能快就行。

那个写下最多想法的人就是

获胜者！

小贴士

只要在挑战开始前一直想着
"我要赢"，获胜者一定会是你！

当你有一些恼人的想法时，这个练习也非常
适合你独自去做。把它们统统写在纸上，揉成一
团，然后把这些欺凌者想法丢进垃圾桶。记得是
写在纸上哦，不然你就得把电脑或者手机丢到垃
圾桶里了。

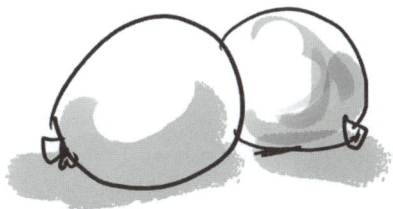

奖励

获胜了吗？

如果你获胜了，那么
明天将由你决定饭后吃什
么甜点。

终极挑战

尝试每天至少发现一个
欺凌者想法

成功时别
忘记给自己一
个大大的赞。

发现欺凌者想法的踪迹了吗？思考一下怎样的话是对你有益的、有帮助的想法，不需要是有创意的，只要对你有效就行。在你能接受的前提下，尽可能多地重复那句话。下面是一些你可能用到的句子。圈出那些你想要测试的想法。

☹ 这完全错了。
☺ 我事先不可能知道这样做会不会错，我只是在做尝试。

☹ 我恨他们！
😎 随他们去吧。

☹ 他们不想和我来往。
☺ 我宁愿和那些喜欢我真实的样子的人来往。

☹ 我不能犯错。
🤓 我可以失败，失败是成功之母。

☹ 我好蠢/好笨。
😎 我还不错，只是一时没有发挥好。

☹ 我必须融入他们中间。
☺ 我如何看待自己要比别人如何看待我更重要。

☹ 没有人理解我。
☺ 不可能所有人都理解我，但至少有人是理解的，比如我的叔叔。

☹ 我要揍扁他们。
☺ 我要像自己希望被对待的样子去对待别人。

星期一　星期二　星期三　星期四　星期五　星期六　星期日

你每一天都做到用一个支持者来替代一个
欺凌者了吗？

为了获得终极大奖，记得在旁边的圆圈和你的协议上打勾！

写给你的爸爸妈妈的一段无聊的话

如果你的孩子向你表达负面的想法，不要否定他们，不要说"别这样荒唐，完全不是这么回事"的话，而是应该和孩子们探讨这些负面想法是不是真实的、有益的。这样做，孩子们会学会自己建设性地和困扰他们的想法相处。同样，不要忘记问一问他们想出来的有帮助的想法是什么。[5]

5

诚 实

培养英雄气概

假设你和你最爱的姑妈在做这样一个游戏：她在一个盒子里装了给你的礼物，如果你猜对了里面是什么就可以拥有它。她突然要去厕所，于是警告你不能作弊。那么你会趁机偷看吗？研究者和很多孩子做过这个游戏，几乎所有的孩子都会说他们认为诚实是非常重要的，他们不会偷看。可是，当研究者离开房间后，几乎所有的孩子都偷看了。但当研究者回来后问孩子们有没有作弊时，他们却都很坚定地回答："没有！"

练习1

回顾今天发生的事，数一数你说了几次谎。把你的答案写在圆圈里。

那么这些说谎的孩子最终有没有得到礼物呢？
答案是得到了。因为研究者假装不知道孩子们作弊了。

如果你认为只有孩子会经常说谎，那么实际情况是大人的表现要糟糕得多。大多数大人每天通常会说3次谎话，比如你的爷爷会把难以下咽的饭菜说成味道很棒，或者找个借口推掉无心赴约的约会（很可能你就曾被他们用来当作借口！）。虽然大多数大人都认为诚实是最重要的品质之一，但也无法保证时刻做到不说谎。

说谎的后果严重吗？

练习2

如果有一种魔法饮料可以让人不再说谎，只能够说真话，你会喝吗？请选择：

◯ 会　　◯ 不会

现在翻页……如果你的答案是诚实的!

你在练习2中勾选了"会"吗？那么你是敢于说出真话的特例，因为多数人会选择"不会"。**如果你再也不能说谎，你会害怕什么？** 害怕再也不能偷偷做些什么而免于惩罚？害怕每次当老师问你有没有作弊时，你诚实地说自己确实偷看了？害怕你不能为了再得到一块饼干而谎称自己还没有吃过？又或许你不想因为自己说了真实的想法而伤害别人。就像你不想在最好的朋友问你她的棕色新冬装看起来怎么样时说："天哪，你看上去像是一坨长了一个会说话的脑袋的牛屎。"**所以，说谎其实是可以让人变得更顺心的：** 更少的惩罚，没有争吵，更容易达成自己的心愿。

练习3

假设突然间广告都说真话了！
在这里写下你构想出的"诚实"的广告：

可乐

牙医会很喜欢它！

说谎看上去似乎是方便、好用的，但那只是表象，因为最终你会因此得到更多的惩罚、更多的争吵，更难达成自己的心愿。谎言最终往往会被你自己或者其他人（不小心）戳穿，然后你还是得说真话。好尴尬！即便你没有露馅，别人往往还是会发现有什么不对劲，**因为你的身体不善于说谎：** 你的脸会变红，你会不敢直视他人。或许你自己也曾经通过这些蛛丝马迹而发觉别人在对你撒谎。

用了这款润肤霜，大家都会喜欢你。

我为什么要用？大家已经很喜欢我了。

你数一数有几句谎话？

"宁愿让真相给我一记耳光，
也不要让谎言给我一个吻。"

——俄罗斯俗语

事实证明，最开始的一个小小的谎言（偷一块糖果）最终会让你更容易在大事情上说谎（从你的爸爸妈妈的钱包里偷钱），于是你不得不记住更多的谎言来避免自己露出破绽，将自己囚禁在一张谎言的大网中。如果你经常说谎，你的朋友、家人和老师会不再信任你，即便你说了真话，比如你没有吃光饼干桶里的饼干（而是你的哥哥或姐姐做的），他们也不会相信。说谎就像是用嘴放屁，不光是你自己，连带着你的说谎对象都会被臭味包围。

诚实＝主人

当你试着开始说真话时，或许最初会有点困难，但是最终你会感觉更好，因为别人会开始信任你，并认为你变得更加友善了。读下面的故事，你还会发现另外一个说真话的好处。

虚假的故事

周末，丹正准备偷偷地为他的PlayStation游戏购买游戏币，就在他要按下"支付"时，姐姐珊娜突然出现。她对他说这样做是完全不被允许的，但是丹只是回答"你不要管"，便又接着玩起了游戏。他们的母亲走进房间，询问他们接下来想要做什么。丹想去游泳，但是珊娜冲他使了个眼色说："你肯定更想和我一起逛街，是吧，丹？你不是很喜欢买东西吗？"丹怕姐姐揭发他，就顺从了她的意思。很快，丹后悔了，向母亲承认了自己的行为。他的妈妈其实早就通过手机银行发现他在说谎，但是最终她很高兴丹主动坦白了这件事。

看到了吗？如果你说谎，就给了别人勒索和利用你的机会。如果你说真话，不仅会如释重负，还会变得更强大，因为你不用害怕任何人。

妈妈……您看上去可真棒！

我不想你说谎。

妈妈……相信我……您会宁愿我说谎的。

友好的真相

好吧，现在你或许正左右为难：我该对那个穿着棕色冬装的朋友说什么呢？我该怎样做才能既保持诚实，又不伤害她呢？诀窍是

说出真相，同时兼顾对方的感受。

按照这个诀窍，你可以对那个穿棕色冬装的朋友说："我很高兴你这么喜欢这件衣服。"或者说"虽然它不符合我的审美标准，不过幸好我们喜欢不一样的东西，这使我们的友谊变得更加有趣。"或者说"我觉得很难说，不过因为你是我的好朋友，我要跟你实话实说。其实我觉得你穿这件衣服并不好看，我不想你看起来像个傻瓜。"这样你不仅说出了真相，而且大大降低了伤害别人的可能，况且让对方知道真相往往会更好。所以，如果别人的牙缝里有一小片菠菜叶，你最好告诉他，不然他一整天都会像个傻瓜！

小贴士

这个星期，尽可能多地说出真相，同时兼顾对方的感受。对你所有想说的话，提出下面两个问题：

1. 这是真实的吗？
2. 这样友好吗？

借此你可以提醒自己说出友好的真相。

敢于说出友好的真相是一项

超能力！

这是你能做的最勇敢、最酷的事情之一。更多地练习说出友好的真相，它会变得越来越容易，你也会发觉自己变得越来越好。

挑战你的爸爸妈妈

谎言测试

你的爸爸妈妈到底有多擅长说谎？你呢？你是说谎大师吗？还是你的爸爸妈妈瞬间就能够拆穿你的小谎言？长话短说……

来做谎言测试吧！

和你的爸爸一起来玩下面这个游戏：

让你的爸爸想出3个有关他做过的而你被禁止去做的事情的小故事（偷糖果、逃课或者说谎😎）。

★ 其中的两件事必须是他曾经做过的，是真实的。

★ 另外一件事则是他从没做过的——一个谎话！

你可以猜出哪个故事是谎话吗？

现在轮到你了：

和你的爸爸讲两件真实的事情以及一件不真实的事情。

你的爸爸可以猜出哪件事情是你编出的谎话吗？

这个星期，试着经常重复这个游戏。

游戏难吗？

你是如何察觉别人的谎话的？

你有没有发现编谎话与说真话的感觉是不一样的？

奖励

成功了吗？

如果你两次成功地发现爸爸妈妈编造的谎话，那么你这个星期就可以获得额外的半个小时来看电视或者打游戏。

终极挑战

没错，你的爸爸妈妈也会说谎。由你来帮助他们减少说谎吧：你们之间约定一个暗号，比如"shinjitsu"（日语，意思为"真相"）或者一个不存在的词"肥酱疙瘩"，当一个人说出这个暗号时，另外那个人就有义务说出真相，不许说谎。

诚 实

我们的暗号是

注意：每个人每个星期只能使用一次暗号。所以想好了再使用！

_____

诚实协议

爸爸 妈妈 我

你的签名

爸爸妈妈/看护人的签名

_____   _____

你遵守这份诚实协议了吗？
太棒了！挑战完成！
为了获得终极大奖，记得在旁边的圆圈和你的协议上打勾。

不要说谎——你很高兴
自己不用读这一段吧？

写给你的爸爸妈妈的一段无聊的话

研究表明，相比因为孩子说谎而去惩罚他们，你更应该做的是因为孩子说真话而奖励他们，他们会因此大大降低说谎的频率。其实，在本章开始的那项盒子游戏中，对孩子来说最有效和最有说服力的话是"如果你偷看了我不会生你的气，如果你说出了真相，我会超级开心"。当然，只有在你真正这样认为的时候，这句话才管用。[6]

6

情 绪

会会你的5位
超级朋友

哇!
现在开始真的
有点恐怖了!

设想一下，如果你将无法感知情绪会怎么样？觉得还不错吧？你再也不用害怕得瑟瑟发抖、愤怒得大吼大叫或者悲伤得痛哭流涕了，但是你也不再会高兴得欢呼雀跃了。这种病症真的存在。加勒博（Caleb）就无法感知情绪，他患的这种病被称作"述情障碍"，你也可以称之为"情绪无知"。有时，他将自己的病症视为一种优势：在有压力或者紧急情况时他可以一直保持平静和头脑清醒。老板对他骂道："哼，懒虫，等着瞧，我要解雇你！你干活比一只干掉的蜗牛还慢！"他丝毫不受影响，甚至会感谢这些批评，因为之后他会去考虑如何能让自己动作快一点，如何去提升自己。当然，这个病症也让他有了许多劣势：他无法判断一项决定是否正确，可能要花几个小时为一个简单的决定烦恼，比如应该买哪种花生酱，他感知不到自己的选择是好还是坏。

加勒博的12岁生日

痛苦的力量

　　情绪缺失的确有好处，但是你会想和加勒博互换吗？你应该不会，因为情绪的存在是为了帮助你，哪怕是那些烦人的情绪。情绪是你身体和大脑里的警报器，告诉你哪件事情对你来说是重要的。情绪会踢你的屁股，催促你采取行动。

　　如果你的大脑是个指挥室，那么里面会有5种基本情绪（5B's）向你发出情绪警报。5B's听上去有点像流行乐队的名称。

5B's的超能力

超级
情绪
总能助你一臂之力

快乐 有助于你更频繁地或一直做某件事。

愤怒 鼓励你对那些你不认同的事情做出改变。当你的双胞胎姐姐可以比你更晚上床睡觉时，你会因此生气，同时你也会要求在同样的时间上床睡觉，因为你想要被平等对待。

害怕 提醒你要注意并小心。例如，它会阻止你在教室里光着膀子爬到课桌上大喊："穿衣服太过时了，光膀套装才最流行！"

悲伤 帮助你应对失望，让你可以继续前进。如果你因为输掉了网球联赛而感到伤心，先给你的失败留个位置，因为之后你可以带着新的能量投入到下一场比赛的训练中。

鄙视 也可以称为抵触，会让你远离那些对你不好的东西，比如欺凌者、臭鸡蛋和孢子芥蓝 ☺ 。

　　在接下来的5章，我们会继续详细解读这5种基本情绪，因为你越熟悉它们，收获也会越多。

表达你的感受

用语言来表达自己的感受还挺难的，其实大人们通常也不能很好地了解自己的感受。他们仅限于说："我认为这样不好。"或者 "这感觉不错。"这是为什么呢？先来做下面这个练习。

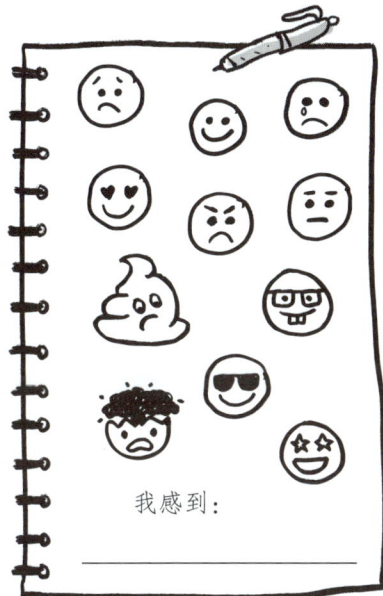

我感到：

_____

嘘，别哭了。

放声哭吧。

别那么气鼓鼓的！

尽量发泄出来吧！

我知道你有点害怕。

你根本用不着害怕。

很多大人会教你不要被自己的情感控制，把情感藏起来，这是因为他们对此也无能为力。很可能你的爸爸妈妈也是这样受教于你的爷爷奶奶、姥姥姥爷的。而你的爷爷奶奶、姥姥姥爷又是同样受教于他们的父母。因此，你的爸爸妈妈同你一样觉得表达自己的情感很难。**但是实际情况是表达情感要比你认为的简单。**你只需要记住5种基本情绪。所有的情绪都是由这5种基本情绪衍生出来的，就像可以用三原色——红色、黄色、蓝色调配出其他颜色一样。比如你因为成绩单上有一门不及格而感受到的羞耻是由害怕（对父母情绪的反馈）和生气（你认为自己或许没有足够努力）混合衍生而来的。而快乐则集合了所有让你感觉良好的情绪，比如平静、热情或者爱。

表达情绪能够给你提供切实的帮助。当你学着用词语表达自己的情绪时，你会更加认清自己的需求。比如，当你意识到自己为坏成绩感到羞耻时，你会更清楚什么能够帮助你：下一次要更加努力（使你不再对自己生气），立刻征求爸爸妈妈的建议（使你不用再为他们的情绪反馈感到害怕），而不是把成绩单藏到床底下。

千真万确！

研究表明，如果你给自己的情绪命名，你会更快地恢复平静！

我很高兴。

我生气了。

高气

练习3

你不仅可以混合所有的情绪，还可以给所有混合出来的情绪命名。从下面列举的情绪组合词中找出你需要的吧。

妒爱：既嫉妒又爱。

你嫉妒是因为你爱的人在和其他人交往。

失释：既失望又如释重负。

你为今天不用演讲而松了口气，但又感到失望，因为自己做了很多准备工作。

气怕：既生气又害怕。

你生朋友的气，想要告诉他为什么，但是又怕这样会破坏你们的友谊。

无寂：既无聊又寂寞。

你感到无聊，想找个朋友一起玩，可是他们都去度假了。

平欣：既平静又欣喜。

你已经知道过生日的时候爸爸妈妈会送你什么礼物，所以你不需要再为收到礼物而激动。但是，你又会因为很快就会得到自己最想要的东西而感到非常高兴。

现在轮到你来创造属于自己的情绪组合词了。试试组合下面这些词语：

希望、满足、激动、骄傲、开心、仇恨、愤怒、伤心、暴怒、犹豫、内疚、绝望、不安、担心、胆怯、害怕在这里写下你的情绪组合词：

———————————————————

想赢取丰厚的奖品吗？

我们的心脑健康操团队
（Mindgym）会为最具创意的情绪
组合词颁发奖品。
所以赶快填写你的词语吧。
你很可能会被热情驱动的！

"指挥室"里的故障

坏的情绪（害怕、愤怒、悲伤、厌恶）可以为你提供帮助，但它们可不是总是对你有益的。有时候，你会淹没在自己的坏情绪中，有时候则会把它们藏起来。

淹没在你的情绪中

当某种情绪非常强烈时，你有时会淹没其中，任由5B's中的一个情绪完全控制你大脑中的"指挥室"，让你变得不知所措，不能清醒地思考。之后你又会非常后悔，绝望地连着几天把自己关在房间里，而这样只会让你感觉更加糟糕。或许你还会因为怒火中烧而朝抢你车道的人冲动地竖起中指，并且嘴里骂骂咧咧。

遇到这种情况时告诉你一个诀窍：在心里默默数到10，让自己平静下来，或者数到1000，如果你非常愤怒、悲伤或者害怕的话。这样做可以给你时间，让你更好地思考这个情绪是在如何帮助自己。你的愤怒是为了让你为自己挺身而出，或许也想让你提醒那个人别再抢其他人的车道。不要竖中指，先默数到10，再对那个人说："你以后可以小心点吗？我差点摔倒了。"**这样，你的愤怒至少还能派上用场**，你也会更快冷静下来。在接下来的5章中，你将会受到很多训练，学习如何在情绪爆发时保持平静。

练习4

当你被某种情绪淹没时，可以通过和一位信赖的人交谈来释放它。写下3个你信赖的人的名字（一个也可以哦），在你情绪激动的时候向他们求助吧。

我的求助"热线"：

1.———————————

2.———————————

3.———————————

逃离你的情绪

你当然不会想体验糟糕的感觉。当你感受到坏的情绪时，你的第一反应是"呸，我不想体验它！"接下来，你会为了不再体验这个坏情绪而试着把它藏起来。但是藏起来一点儿用也没有。**情绪就像幼儿园里的小朋友一样：如果你不给予他们想要的关注，他们会一直尖叫，直到你让他们满意为止。**

你在新的曲棍球队感到孤独，于是你尝试逃离这个感觉，并装作毫不在意。为了表现你的态度，你做出比原来更酷的样子。然而，被你隐藏起来的孤独感反而发出尖叫，试图获得你的关注。你变得更加孤独，并扮得更酷。这样是行不通的，就像水里的球一样，你把它往水里按得越深，它越会大力地上浮。如果逃离你的感觉是没有意义的，那什么是有用的呢？

情绪急救

整个练习过程中你发现了什么？对自己的所感所想说"不"往往会让你心绪不宁。你感到害怕、愤怒或悲伤了吗？试想一下，现在这些坏情绪全都聚在一起并试图帮助你，而且它们会很快消失。各种情绪来来去去，就像雨后总会天晴（天晴过后总会再下雨）。所以，对你的情绪说"是"，即使它们并不有趣，但它们可以待在那儿。你也可以对自己说："我可以平静地对待我的情绪。"平静地对待自己的情绪是你的一个强大无比的超能力，它会大大降低那些坏情绪带给你的困扰，让你更快地恢复平静，并对自己的需求感觉更好。

又是如此给力的一项超能力！

情绪本身从来没有问题，只怪你对它们装聋作哑。

如果在你加入新的曲棍球队时正视了自己的孤独感，那么你自然会采取行动：和朋友约会，向姑妈倾诉心声或者把它写进日记里。所以，不要把情绪之球按进水里，任由它在水波中起伏一会儿吧，过段时间它自然会漂到大海上去。

不要害怕！

它闻得到！

小贴士

面对提问："你好吗？"大多数人会给出一个标准答案："很好。"那么就由你来做个改变吧。这个星期，每当别人向你提出这个问题时，别急着回答，先想一想那一刻自己真正的感受。不管你的感觉是什么，在心里对自己说："我现在的感受是可以接受的。"带着好奇之心去探究你获得感受的部位以及你身体的感觉。

接下来，尝试在心里默默地用语言表达这个情绪。如果你并不清楚自己的感受也没有关系。当然，你只会在自己愿意的时候才会把它讲给别人听，那就把它留给自己吧，回答对方："很好，谢谢你！你好吗？"对方会给出一个和你完全一样的回答，敢打赌吗？

帮助 你的爸爸妈妈

情绪小记者

这次你要做的不是挑战你的爸爸妈妈，而是帮助他们。如果你认为只有你自己觉得很难用语言表达自己的情绪，那你就大错特错了！你的爸爸妈妈往往也会有一样的困难。救救你的爸爸妈妈吧，让自己成为一名情绪小记者，向他们提出各种关于他们感受的问题。下面这些问题可以帮助你开始行动。

快乐对你有多重要？
在你快乐的时候，你的腹部和胸口有什么感觉？

你上一次哭是什么时候？为什么哭？
你允许自己哭吗？

讲一讲你气得控制不住自己时的状况。

你害怕什么？对你来说害怕是怎样的感觉？

讲一讲你把自己的感受隐藏起来的情境。
后果是什么？

坏情绪在什么状况下帮助了你？

你最有趣的记忆是什么？

我不在场的时候，你会说哪些骂人的词？

发动头脑风暴，自己寻找问题。

奖励

成功了吗？

如果这次情绪访谈帮到了你的爸爸妈妈，你将会得到一个奖励——这个星期你可以和爸爸妈妈一起观看动画电影《头脑特工队》（*Inside Out*）。这部电影得到了全球最知名的情绪科学家们的大力支持和协助！如果你已经看过这部电影，也可以另外选一部。你在电影中观察到5B's了吗？

终极挑战

如果你在这个星期感受到某种（强烈的）情绪，先暂停手上的事情，问问自己："我是在身体的哪个部位感受到它的？"前额紧锁的眉头？脸上的微笑？接下来，把这个情绪设想成一个想要告诉你些什么的小精灵。在你非常平静的时候就会听到它发送给你的秘密消息。你也可以向这个小精灵提出问题："你打算怎么帮助我？"

情绪

如果你没有立刻从小精灵那里得到答案，不要担心，因为刚开始它往往会很害羞，你只需继续尝试。试着闭上眼睛，也许效果会更好！

不准投喂！

这个星期你完成了几次任务？在对应的日期上打勾：

星期一　星期二　星期三　星期四　星期五　星期六　星期日

所有的日期都打勾了吗？恭喜你挑战成功！

为了获得终极大奖，千万记得在旁边的圆圈和你的协议上打勾！

他们在这儿应该不需要帮助。😎

写给你的爸爸妈妈的一段无聊的话

没有父母希望自己的孩子遭受痛苦。孩子有坏情绪时，父母的第一反应通常是用动画片或者好吃的东西分散他们的注意力。但是这种方式恰恰剥夺了孩子们情感的成长。试着不要立刻转换他们的心情，而是一起去研究情绪。试着向他们提问："你在身体里感觉到了什么？"如果孩子很难回答，那就使用体内"气象预报"："你的身体里面现在是什么天气？大晴天？微微细雨？还是有雾？"

7

愤 怒

施展变怒为喜的魔法

你讨厌上学吗？来自巴基斯坦的马拉拉（Malala）不仅不讨厌上学，甚至为了能够上学而愿意付出生命的代价。她在11岁时，冒着生命的危险发布博客，谴责一项有关女孩不能上学的新法律。因为这些博客，这项法律的制定者——塔利班政府试图杀死她。她的头部在袭击中中了一枪，但她活了下来。马拉拉一直充满战斗力地坚持写作。多亏她的博客，上学禁令在全球引发了广泛关注，巴基斯坦现在接受教育的女孩也因此比之前多了很多。直到今天，马拉拉仍然在为女孩争取接受教育的权利，她也是有史以来最年轻的诺贝尔和平奖得主。

愤怒的超能力

马拉拉感受到的愤怒是一种强有力的正能量。在日常生活中，你的愤怒也可以是一种超能力——让你的权利免遭践踏，为自己认为重要的事情挺身而出。当你发现别人玩优诺纸牌作弊时，敢于对此表达自己的态度。

当然这并不意味着你要像一只斗鸡一样发泄你的情绪，并把优诺纸牌像午饭一样塞进那个作弊者的嘴里。那样做你或许可以让他不再作弊，但原因却是他再也不想和你玩牌了。

你可以将愤怒看作一束有针对性的愤怒之火，赐予你达到目的的能量，就像马拉拉的那束愤怒之火。但是一旦你不小心让火势失控，你自己和周围的一切都会被烧成灰烬。

"只有铺路石才会任由别人在自己身上踩踏。"

——小露丝

愤怒的黑能量

练习1

你曾对别人说过的最难听的词是什么？如果它太难听了，你也可以把它写成一个代号，比如将组成这个词的每个字母都用在字母顺序表中排在它右侧的那个字母替代。例如，"yjbptibhvb"就是"xiaoshagua"（小傻瓜）的代号（我可以向你保证，我说过比这更难听的话）。

在下面写下你的代号

_____

现在问问自己："你当时真的想说这个词吗？"

58

当你的愤怒变成了失控的火海时，有时候你会说一些言不由衷的话，做一些追悔莫及的事，比如你对你的妈妈说的"你简直笨到要坐在电视上看沙发！"这样的话不仅会伤害到别人，也完全违背了你的本意。如果你常常这么做，别人会因为你不友善的行为而躲着你。但是，一旦你控制住自己的愤怒之火，你就可以向马拉拉那样借助愤怒的力量去实现自己认为重要的目标。

可见，问题的关键在于你要学会如何利用自己的愤怒来达成自己的心愿，用恭敬有礼的态度表明自己的困扰，比如对你的妈妈说："妈妈，滚开！"不要当真，这当然是一句玩笑话。你要说的应该是："妈妈，您先让我冷静一下，我们之后再谈那件事。我现在想要单独待会儿。"如果你冷静地表明自己的困扰，你会更容易达成自己的心愿，别人也会认为你更友善了。

怒火
温度表

啊啊啊啊啊啊！！！
　　狂怒！！！尖叫、打砸、侮辱、扔东西、想要攻击别人。

哼！
　　沮丧、高音量、不能平静地思考、对生气的事表现得忧心忡忡、恼怒地想要证明自己。

哈……冷静
　　可以平静地思考自己为什么会生气，并去思索解决方法，能够倾听并诉说自己的困扰。

想要成功地借助愤怒达成心愿，关键在于你要尽可能快地觉察到自己在生气。

最好是在你气到耳朵开始冒烟、握紧拳头想从脑袋上扯头发之前。因为愤怒之火接下来就会蔓延成火海，那时再想控制自己就没那么容易了。

如何让自己及时地发现愤怒呢？先来做下面两个练习吧。

是这儿！

你的红色按钮场景

- 你失败的时候
- 你被拒绝的时候
- 你被忽视的时候
- 你累的时候
- 你被不公正对待的时候
- 你被批评的时候

- 你听到喧闹声的时候
- 你忙碌的时候
- 别人开你玩笑的时候
- 你无法解释自己的感受的时候
- 你不明白自己应该做什么的时候
- 你 _____

当你身处红色按钮场景时要格外留意，这样你才会及时发现自己开始生气了！你已经生气了吗？读一读下一页的小贴士，看看你该如何让自己冷静下来。

心脏狂跳

双拳握紧

脚趾蜷起

的确，当你冷静地表明自己的困扰时，你会更容易达成心愿，别人也会觉得你更友善。但是事情往往是说起来容易做起来难。当你遇到你的妹妹挑战你的忍耐极限的情况时，你该怎么办？幸好，你可以用练习4中的呼吸诀窍来蒙骗你的大脑。

练习4

舒服地坐好，关注自己的呼吸。保持吸气4秒钟，并在脑中计秒数，然后屏气1秒钟，接着保持呼气5秒钟。你可以同时增加或者减少吸气和呼气的秒数来保证自己处于更好的状态。

嗯嗯嗯嗯嗯！！

吸气，1—2—3—4

屏住呼吸1秒钟

呼气，1—2—3—4—5

屏住呼吸1秒钟

吸气，1—2—3—4

不断循环

你也可以在呼气的同时发出"啊"来延长呼气。

当你呼气的时长大于吸气时，你的大脑会想："嘿嘿，可以稍微放松一下了。"因为在吸气时，你的心跳会加速，而在呼气时心跳会减速。所以，当你想要放松时，要让呼气比吸气的时长长1~2秒。在你感到愤怒的时候试一下，比如当你的爸爸妈妈没有听你说话的时候，游戏结束的时候（你差点儿就通关了），或者当别人在学校操场上对你评头论足的时候。

呼气比吸气要长一点，保持放松。

还记得第6章中提到的隐藏情绪反而会让它变得更强大吗？一旦你压抑怒火，它早晚会在某个你意想不到的时刻像火山一样喷发。因此，不要试图把你的愤怒硬生生地排泄掉，而是要借助你的呼吸来接纳它。记得对自己说：

"我现在感到愤怒，但是没有关系，它会自动消散。"

小贴士

你因为太愤怒而无法平静地思考吗？为自己申请一个"暂停"，告诉自己5分钟后再回来。然后你可以用呼吸诀窍平静一下。

接下来，像一位好奇的情绪研究者那样去探查你身体里感受得到愤怒的部位吧。

61

空的手划船

你的愤怒都是有用的吗？当你因为看到某位知名的视频播客穿了一条难看的长裙而生气时，你的愤怒会对整件事有帮助吗？或许下面这个故事会给你另外的启发。

假设你刚得到一条新的手划船，它非常漂亮，你很喜欢它。放学后，你便去湖上划船了。湖面上雾气蒙蒙，突然另外一条船从雾气中驶出，笔直冲你而来。砰！那一刻你无比愤怒，"笨蛋，你不能小心点吗?！"你咆哮道。但是你立即发现那条手划船是空的，于是你的怒火平息下去，因为现在没有人可以让你发火，你甚至不禁嘲笑自己。

可见，有时候你的愤怒是毫无意义的。假设确实有人坐在另外那条船上，你还会那么快冷静下来吗？很可能不会。但两种场景的核心事件是完全一样的——两条船发生碰撞。你对别人以及你经历的事情产生的愤怒有时和例子中的碰撞事件非常相似，你的愤怒是毫无意义的。如果你因为错过了公交车而气得跺脚，有什么意义？下一趟车会因此更快来吗？不会！所以在你生气时不妨思考一下："值得为此生气吗？"或者"这是一条空的手划船吗？"如果你发现自己的生气毫无意义，你甚至可以嘲笑一下自己，例如在你因为穿着袜子踩到湿的浴室地砖而破口大骂时。

嫉妒

嫉妒是愤怒的那个"成器的表妹"。你也会想拥有别人拥有的东西。从小到大，每个人都试图给你洗脑："嫉妒是不好的，你不应该嫉妒。"这样的想法是种浪费，因为嫉妒恰恰是一个宝贵的警钟。它让你明确了自己想要什么，同时给你力量去努力争取。你嫉妒那个在儿童音乐节目里歌声美妙的女孩吗？嫉妒激发出你想去上声乐课的兴趣，因为你也非常想参加节目。所以，不要因为感到嫉妒而自责，而是思考一下你到底想要什么。借助练习5来挑战自己，去追求你的梦想，而不是让自己被嫉妒吞噬。

我嫉妒的

好朋友的街舞技能。

邻居男孩的任天堂游戏机。

班级里的语言天才的英语成绩。

_____

我将要进行的挑战

下午利用"舞力全开"练习街舞。

自己挣钱买一台游戏机。

寻求帮助，让自己的英语变得更好。

_____

现在轮到你了！

报复＝在裤子里拉屎

　　如果嫉妒是愤怒的那个"成器的表妹"，那么**报复就是嫉妒的那个"坏继父"**。报复是愤怒的一种恶毒的发泄形式：如果别人伤害了你，你就立刻回击他。报复是会上瘾的，因为刚开始你会觉得很爽，你认为自己完全有权利把伤害回敬给对方。你在姐姐的日记本上乱划一通，因为她把你用火柴棒搭起的建筑模型踩坏了。而你的姐姐很可能也会对你进行报复。我们称这种循环的报复为"军备竞赛"，它解释了为什么会有这么多的战争存在。如果国家A损害了国家B的利益，那么国家B就会让国家A双倍偿还，然后国家A继续采取报复措施，如此循环不停。

　　如果你出于报复而行事，最终你往往会感觉更糟糕，而且

可是，它们不会因此生气吗？

呃……你要一起吗？

砰！

国家A

国家B

双方将更加难以握手言和。报复和在裤子里拉屎是一回事，都会使对方被臭气熏倒，最终受到最大困扰的却是自己。

下面的小贴士将教会你如何"好好地"吵架，并避免陷入军备竞赛。

该做的

告诉对方你的感受以及你为什么会有这种感觉。

聆听对方讲话（所以暂时闭上嘴吧）。

告诉对方你希望的："我希望你诚实地做游戏。"

可以的话，原谅对方。

为你感到后悔的事情主动道歉。

一起思考解决方案，或者请求别人帮助你们和解。

不该做的

在别人说话的时候捂住耳朵大叫。

气急败坏地尖叫："我可没有生气！我也没有尖叫！"

告诉对方你不希望的："我不希望你再作弊。"

无条件同意对方的意见，任由对方无耻地把你当作铺路石一样践踏。

每当对方开始讲话，你都甩对方一个巴掌，并且骂道："全都怪你！"

用自己瞎编的语言解释自己的困扰。

怎么样，现在想不想找个人"好好地"吵一架？

小贴士

你和姐姐、哥哥或者朋友吵得不可开交了吗？那就和对方进行个小比赛吧：谁生气的时间最长谁就输。

"但是抹奶酪的话会更加美味。"

翻译

挑战你的爸爸妈妈

愤怒的会议

召开有关愤怒的会议？可以这样吗？当然了！而且你还可以借此达成自己的心愿。该怎么做呢？按照下面的步骤进行吧。

告诉你的爸爸妈妈，他们的哪些言行往往会让你生气。比如："妈妈，我不喜欢您大清早洗那么长时间的澡。"

接下来告诉她/他下面这句话：

"我其实希望您……"

（洗得快一点）

请你的妈妈为你的困扰想出3个解决方案，比如她早点起床、如果你敲门她就只能再洗2分钟等。

由你来选择最终实施的方案。

看到了吗？如果你冷静地表明令自己烦恼的事情，让自己变得称心如意是多么容易！

不过……

你的爸爸妈妈肯定也曾因为你的言行生过气。

所以反过来做一次吧。

这次轮到你的爸爸妈妈对你说"我其实希望你……"这句话。

接下来，将由你想出3个解决方案，并由他们从中选出一个。

进行得顺利吗？有效果吗？
那就经常举行这样的愤怒会议吧！

小贴士

和你的爸爸妈妈约定，下一次争吵时只能使用一种你们不熟悉的方言（上海话、粤语、东北话……），或者用一种特别的音调来说话。这样做会使争吵变得很搞笑，你们的怒气也会更快地消散，冷静下来后进行换位思考并解决争端。

奖励

成功了吗？

你们召开愤怒的会议了吗？这个星期你将得到双倍的零花钱。

终极挑战

愤怒

施展你的愤怒超能力，达成自己的愿望。

这个星期你需要施展你的愤怒超能力来达成自己的愿望。
当你发现自己开始生气时，试一试你刚刚学会的呼吸诀窍。你的身体的
哪个部位感受到了愤怒？

你让自己冷静下来了吗？向自己提下面两个问题：

1. 这值得生气吗？／这是一条空的手划船吗？

2. 如果值得生气，我该怎样尽可能聪明地达成我的愿望呢？

在你完成任务的日期上打勾：

星期一	星期二	星期三	星期四	星期五	星期六	星期日

这个星期的终极挑战完成了吗？

为了获得终极大奖，千万记得在旁边的圆圈和你的协议上打勾！

写给你的爸爸妈妈的一段无聊的话

　　惩罚会孤立正在生气的孩子，而且效果往往适得其反。保持头脑清醒，就像正在为病人治疗的医生一样。划定明确的边界，对你的孩子说："等你的声音听起来和我的一样平静时，我再和你说话。"利用下面这些提问来帮助你展开对话："你想不想先有个5分钟的暂停？""你想把它写下来或者画下来吗？""我可以怎么帮你？""之前让你觉得有帮助的是什么？""其他孩子是怎么帮助自己的？"

小贴士

散步时进行对话可以让你的孩子更专注。

这是写给你的！

哼！太令人不爽了！这一页怎么空了这么一大片？好吧，我要保持冷静，索性就在这里画个框吧。下一次非常生气的时候，你可以畅快地把它画满！

生气畅画框

8

恐 惧

勇于尝试畏惧
的事情

忘记蝙蝠侠、超级女侠和蜘蛛侠吧，现在有一位新的超级英雄正在冉冉升起！

害怕侠！

这位英雄的超能力是在他怕得要死时会表现出优秀的逃跑能力。当"害怕侠"遭遇流氓时会以闪电般的速度逃跑；看到有人在抢劫一位老奶奶时，他会躲在小树丛里瑟瑟发抖。他的座右铭是"逃命吧！"

你的身体里也住着一位"害怕侠"，他帮助你认清危险，提醒你小心，以防你左躲右闪地试图穿越危险的高速公路，或者对那个肌肉发达的家伙说出你的心里话："你蠢成这样也是一种优势吗？"

练习1

你害怕什么？将它们写下来吧。

1. _____
2. _____
3. _____

可能你写了怕黑、怕蜘蛛、怕狗或者一些很奇怪的东西。

有人害怕跳舞（跳舞恐惧症患者），害怕风（恐风症患者），甚至害怕睁开眼睛（睁眼恐惧症患者）（那一觉醒来岂不是一件相当恐怖的事！）

千真万确！

害怕得打颤的牙齿……

酷帅的手机铃声……

哒哒哒

害怕侠

你知道几乎所有人都害怕的是什么吗？不合群。几乎每个人都害怕被欺凌或被忽视，所以很多人装酷、穿名牌衣服、买昂贵的电脑或手机等，纯粹是为了在他们的朋友圈里要酷。人们对不合群的恐惧让耐克、苹果和万宝路挣得盆满钵满。在第12章你将会读到更多相关的内容。

过于强大的"害怕侠"

恐惧可以为你提供帮助，但当它太强大时也会妨碍你，让你毫无缘由地感到害怕。不敢去跳舞，因为房间里太黑而睡不着，每当遇到吠叫的腊肠犬都远远地绕开。很难想象这些会对你有什么好处。

对不合群的恐惧迫使你不能去做想做的事，或者去做你原来不想做的事，比如害怕因为自己不吸烟而不受欢迎，你不得不大量吸烟。"害怕侠"在你耳边不停地说着"你不合群"，让你心神不宁，感到害怕。你其实想停止练习空手道，可是你不敢说，因为害怕让你的爸爸妈妈失望。于是你继续无聊地踢腿和被踢，没有去尝试柔道、芭蕾或者编程等新的东西。**强大的"害怕侠"让你不敢尝试新的事物，同时也学不到新的东西，而事实上你是希望做出尝试的。**

> "不是因为事情困难所以我们不敢，而是因为我们不敢所以事情变得困难。"
>
> ——塞涅卡（Seneca）

那是"害怕侠"……他敢于害怕。

天哪，真勇敢！

不要害怕你的"害怕侠"

　　大多数孩子（和大人）认为害怕一点也不酷。但是，当一只饥肠辘辘的斗牛犬对你吠叫时，或当轮到你演讲时，是你自己选择害怕的吗？不是，它就这样发生了，并非你所愿。况且你现在已经知道压抑情绪是个相当糟糕的主意。

　　所以还是诚实一点吧，承认自己在害怕，让你的"害怕侠"更快地平静下来，看清自己究竟害怕什么。承认自己演讲时的紧张是正常的，即使被别人看到也没有关系，因为每个人都会紧张。比如我自己，虽然每个星期都要面对很多人，但我每次仍然会紧张。

不知道?!
那就再看看
第6章!

捉弄你的大脑

　　狙击手在训练中会学习在射击前打哈欠。如果你的大脑由于害怕而过热，哈欠就是起到降温作用的冰棍，让你平静下来。这个星期，当你在自己身上发现恐惧时，试一下故意打哈欠，你唯一要做的是假装在打哈欠。然后你会不由自主地真的开始打哈欠。发现了吗？你现在仅仅因为读到"哈欠"这个词就已经开始打哈欠了。

　　敢于让别人看到自己害怕其实是好的，因为这样不仅帮助了自己，还帮助了别人。为什么这么说呢？因为其实很多人都是胆小鬼，只是不敢表现出自己的恐惧和不安，他们认为自己是唯一有这种感受的人，其他人肯定会觉得这样很蠢。但是当你鼓起勇气诚实地讲述自己的感受后，他们才会清楚原来其他人跟自己一样不安，幸好自己不是孤独的。当你敞开自己的心扉时，你也打开了别人的心扉。

想象一个恐怖的场景，例如患有恐高症的你从8楼往下看。在右边人物身上圈出你身体里面常常感到恐惧的部位，并在旁边写上具体感受。

这儿？

这儿？

或者这儿？

勇气

当你既想感受恐惧又想保持平静，同时还想做"害怕侠"的主人时，不妨先问问自己"害怕侠"有没有给你好的建议。如果他悄悄地告诉你跳进动物园的狮子笼里去抚摸那些毛茸茸的家伙是不理智的，你最好听他的。但是如果"害怕侠"给出了坏的建议，不要对他卑躬屈膝，去做你内心深处最想做的事。

当"害怕侠"想让你待在边上，而你自己想要往深处跳时，尽管跳吧！你知道这叫什么吗？**勇气！勇敢并不意味着你感受不到恐惧，而是你能够战胜自己的恐惧**，就像即使你害怕告诉妈妈你有了喜欢的人，但还是有勇气向她坦白一样。

不要让你的"害怕侠"让你感到害怕

勇敢的故事

10岁的金患有血液病，除非医生可以找到特效药，否则她将很快死去。为了寻找合适的药物，医生需要与金的血液可以成功配型的一位家庭成员的血液。幸运的是金的5岁弟弟米歇尔和她的血液成功配型。父母问米歇尔是否愿意为金贡献自己的血液。米歇尔害怕地回答："这样可以让金继续活着吗？"父母点点头，于是他同意了。米歇尔躺在金旁边的病床上，他的血液经输血管流向金。他害怕得发抖。过了一会儿，米歇尔开始感觉头晕，他问："我现在要死了吗？"所有人都吃惊地看着他。金的眼眶充满泪水，她明白了，弟弟以为自己要献出所有的血才能救姐姐。他愿意为姐姐付出一切，哪怕他对会发生在自己身上的事非常害怕。这才是真正的勇气。[7]

你的身体里也有勇气这个超能力，但你不用为了勇敢而立刻献出生命，因为勇气是一点一点建立起来的。你害怕蜘蛛？没关系，那就先在动物园的玻璃后面观察它们，不需要立刻让一只大型香蕉蜘蛛爬过自己的手背来练习勇敢。你想问问某人是否愿意和自己做朋友？那就先在镜子前练习一下，或写信向你的朋友请教。如果对方拒绝了你的请求，你仍然可以祝贺自己，因为你成了"害怕侠"的主人。

小贴士
安抚你的"害怕侠"

这个星期，每当你感到害怕时，记得安抚你的"害怕侠"，并在心里告诉他："没事的。""你很安全。""放心吧，会好的。"当然你还可以使用前面学到的方法：在你的脑袋里放一部轻松的小"电影"（第1章），或者使用呼吸诀窍（第7章）。

写给你的爸爸妈妈的一段无聊的话

每走一步都会听到父母说"小心！"的孩子反而会被绊倒，所以要谨慎使用"小心"。研究表明，父母的过度保护会明显降低孩子在家庭以外建立牢固的社会关系的可能性。[8]你的孩子并不是遵照你的建议，而是以你为榜样。因此，你更应该和他分享自己的恐惧，告诉他你是怎样与之相处的。这样可以让你的孩子学会不要因为感受到恐惧而害怕，从而提高他害怕时的自控能力。

妈妈，我的床底下是不是躺着一只可怕的怪物？

是的。

好的。

足够勇敢应对挑战了吗？

挑战你的爸爸妈妈

超级恐怖的掷骰子游戏

如何表达恐惧以及如何与恐惧相处，通常和爸爸妈妈对你的教育有很大关系。和爸爸妈妈一起做掷骰子游戏，看看你们的"害怕侠"之间有怎样的相同和不同之处。

和你的爸爸妈妈依次掷骰子，并完成对应点数的任务。你们需要每人至少掷3次才能完成任务，当然你也可以掷更多次。如果走运的话，你还可能赚到一笔钱。

⚀ 说出一个让你害怕的东西。

⚂ 展示你的"害怕侠"，让大家看看他长什么模样，怎么说话、活动。

⚁ 讲一讲一次你很勇敢地战胜恐惧的经历。

⚃ 你现在不敢但还是很想做的是什么？你打算怎么迈出第一步？

⚄ 从爸爸妈妈那里赢得1元钱！！！ ➡ **哪怕是爸爸妈妈掷出了6！**

奖励

成功了吗？

你可以赢得1元钱啦！

终极挑战

必做勇气清单

勇气不是恐惧的缺席，而是你战胜恐惧、做你内心深处最想做的事情的决心。那么把这份勇气清单填写完整吧，并在这个星期内至少实施其中的一项，战胜你的恐惧。

恐惧

什么让你感到紧张？	什么可以帮助你？	你会在什么时候做？做什么？
为某个被欺凌的人出头	对自己说："'害怕侠'，现在我才是主人。"	在欺凌发生时，让欺凌者停下
在有其他孩子在场的更衣室里脱衣服	打哈欠来让自己先平静一些	下一节体操课
告诉爸爸妈妈自己已经害怕了一段时间的东西	先同好朋友、姑妈或者老师说	星期六吃早饭的时候
给同学一句赞扬	试想自己也会喜欢得到赞扬	星期四的第一个课间赞扬某个同学
_____ _____ _____	_____ _____ _____	_____ _____ _____

你战胜了你的"害怕侠"吗？
太棒了，终极挑战完成。
在旁边的圆圈和你的协议上打勾吧。

9

悲伤

发现你的隐秘盟友

"从此他们过上了幸福的生活"是大多数童话的结尾。然而，小红帽的故事在真实生活中很有可能会有与幸福完全背离的发展：小红帽进入青春期后和村子里最大的那只狼交往，小学留级，还抽烟喝酒。她因此和奶奶吵得不可开交，不久奶奶就因为不能忍受这一切而心脏病突发去世了。小红帽因为奶奶的去世而悲痛不已。

生活不是童话，**它更像一辆不断高低起伏的过山车**。有一件事情是肯定的——你仍然常常会因为生活中的事不如愿而悲伤，比如撞疼自己的小脚趾、爸爸妈妈离婚。因此，最好还是让悲伤成为你的盟友吧，不要和它成为敌人。

这才是你的生活

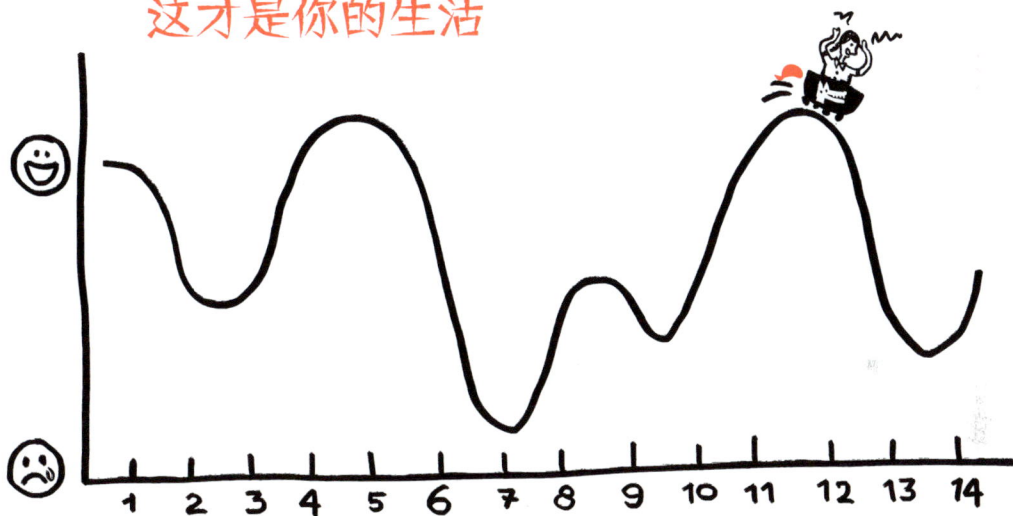

练习1

回想一件让你感到悲伤的事情。如果你一时想不起来，那就读一读基亚拉的悲伤故事吧。然后照照镜子，观察自己悲伤时看上去怎么样。

昨天，我在养老院陪我的奶奶。她安静地坐在椅子上，眼睛看向远处。我不确定她是否认得我。在奶奶还能说话的时候，她总会在我的手心上掐3下，然后我也会掐她3下。我们每次都是这样道别的。临走前，我握住奶奶的手，掐了3下。紧接着，我感觉到她也掐了3下。我忍不住哭起来。今天妈妈告诉我，奶奶昨天晚上去世了。我会想念她——那个掐我手心的奶奶。

如果你在悲伤的时候照镜子，你会看到自己身体的所有部位都耷拉着——肩膀、脑袋、后背和嘴角。英国人用"down"（向下）来形容这种状态。那么你在自己的身体里感觉到了什么呢？胸口有压迫感？眼睛灼热？嗓子里有异物感？另外一些很不同的感觉？

有时候悲伤很难辨认，因为它会伪装成愤怒。比如，你会因为没有获邀参加生日聚会而生气，而事实上你应该为此大哭一场，因为你觉得自己被孤立了。**男孩比女孩更经常出现这种情况，因为男孩会被灌输"男子汉不能哭"的思想**，因此他们将拼尽全力不把悲伤表现出来。

练习2

勾选出让你感到悲伤的场景：

呜呜

被人忽视

○ 被嘲笑

○ 遭遇失败

○ 不被理解

○ 丢失了宝贵的东西

○ 宠物生病

○ 考试成绩不佳

○ 想家

○ 其他 ＿＿＿＿＿＿＿＿

＿＿＿＿＿＿＿＿＿＿

悲伤的超能力

悲伤也是一种超能力！当你因为搬家而不得不和朋友们告别时，痛哭流涕有什么用？一笑而过不是更好吗？还真不是。**你的眼泪表明了什么是你觉得重要的。偶尔的悲伤**会让你在事后为自己现在拥有的东西感到格外高兴。悲伤教会你与挫折打交道，因为它会在背后给你助力。于是，搬家的悲伤让你更向往在新的住处结交新的朋友。当你因为留级而感到失望时，在接下来的学年你将会更加努力。

1. 悲伤可以给你动力。

2. 悲伤的人更容易牢记。

3. 你在悲伤时流下的眼泪可以让你格外"快乐"，因为眼泪就像洗眼睛的肥皂，里面的溶菌酶可以杀死细菌。

4. 号啕大哭会激发你的大脑分泌催产素和内啡肽——两种让你快乐的物质，它们让你的心情仿佛雨过天晴，你转眼又变回了家里的"小太阳"。

悲伤一直在敲门？

如果你是一栋房子，那么当悲伤敲门时，你应该请它进门。但是通常我们不但没有把门打开，还把门上了锁。为了不悲伤，你把自己锁起来，但悲伤会因此而越来越大声地敲门，直到你把门打开。于是，你变得更加悲伤，受到的困扰也变得更多。把自己锁起来意味着其他的感觉也被拒之门外，比如快乐的感觉。当你因为某件事而悲伤透顶时，虽然装作若无其事，但其实内心深处觉得自己糟透了，此时哪怕是聚会或者看电影等有趣的事情也提不起你的兴趣。

悲伤被藏得太久甚至会让你变得抑郁。接下来的几个星期，你会悲伤得对什么都提不起兴趣，甚至不想下床。悲伤是有用的，但是抑郁并不是你需要的。

如果你将悲伤请进门，它反而会更快地离开。当然，你肯定会有疑惑不解的地方——悲伤的时候是不是就该完全沉浸其中呢？把它变成一出精彩的戏剧，将自己连着几天锁在房间里撕心裂肺地哭，冲着镜子抽泣："哎，我是这个世上最可怜的人。比那些身在非洲没有食物、没有父母的孩子还要可怜。要不我把我的名字改作'可怜小东东'吧！"你是这样想的吗？告诉你吧，没有必要这样做。诀窍恰恰在于不要把自己看作一个无助的受害者，而是**一个允许自己悲伤的人，一个哭神**。你应该允许悲伤前来拜访，而不是立刻关上大门或者完全陷入恐慌。保持放松，因为你知道悲伤还会离开。最重要的是你才是自己的主人——你来决定自己表达悲伤的最好方式。

注意

如果你察觉到自己变得抑郁，请寻求帮助！向你信赖的大人求助。你也可以匿名拨打青少年心理咨询和法律援助热线。

练习3

这个星期你感到悲伤了吗？试试以下这个方法。在地上、床上，或者疯狂一点，在厨房的操作台上躺下。把双手放在腹部，感受腹部随着呼吸上下起伏。此时你要像一位情绪研究者那样好奇地去感知让你感受到悲伤的部位。如果眼泪涌了上来，就对你的眼泪说：

"欢迎你，眼睛肥皂！谢谢你清洗我的眼睛。"

（你也可以自己想出安慰自己的句子，告诉自己此时的感受是正常的。）

抚摸你自己

当别人看到你在哭时会首先做什么？通常是搂住你的肩膀或者抚摸你的脸颊。不要小看这些小的举动，它们不是毫无用处的。在你被抚摸时，你的大脑里会迸发出大量积极的物质，让你的心情变好。比如，催产素会鼓励你去拥抱，因此它也被称作"拥抱激素"。但如果没有人在身边呢？那你就用下面这个恶作剧来捉弄一下自己吧。

借不到肩膀哭？**那你就捉弄一下自己，自己来安慰自己。** 实验表明，你的身体并不能区分抚摸是来自你自己还是他人，只要受到抚摸，大脑都会释放积极的物质。

所以，你可以把一只手放到胸口，另一只手抚摸自己的脸颊，或者用一只手去握紧另一只手来安慰自己。用你觉得最好的方式就行，即使你一个人偷偷地进行也同样有效（这样你就不用在课堂上做出抚摸自己的脸颊的奇怪举动了）。但是在做的同时，你必须心里想着自己希望通过抚摸获得安慰，不然就没有效果了。

捉弄你的大脑

小贴士

在你悲伤时，找个人说说话。别人通常不会知道你的感受，所以不会主动向你提供帮助，那么就换成你自己采取主动吧。如果你已经找出悲伤的原因，对方就可以更好地帮助你。忘记怎么去做了吗？再去看看第4章和第6章吧！

抚摸是生命的必需品。出生之后再也没有被抚摸过的小猴子活不过数月，即使它们得到了足够的食物。[9]这一点在人类中同样得到了证实：得不到抚摸的孤儿的死亡率远远高于能够得到拥抱的孤儿。

千真万确！

身体的力量

哭够了吗？雷阵雨过去了吧？捉弄你自己，让自己开心起来吧！那样会使你变快乐，不是吗？

那就快翻页看看练习4吧!

练习4

立正，展开双臂，下巴微微抬起，嘴角微微上扬，就像一位准备向自己的臣民演讲的国王一样。现在，请你用尽可能悲伤的语调演唱《生日快乐歌》。

成功了吗？你的歌声很可能听上去根本不悲伤。这是因为你的大脑是一只模仿你身体的乖乖羊，你没有垂头丧气而是面带微笑、笔直站着的姿态骗过了你的大脑。它会想："哦，这个孩子会再开心起来的，因为他微笑并站直了，让我再给他的身体分泌一些可以让他开心的物质吧。"所以，如果你想让自己快乐起来，就保持和这个国王一样的微笑和姿态吧。

捉弄你的爸爸妈妈

是！是！
是，是，是！

点头称"是"让你更容易如愿！

如果你想要更多的零花钱或者更经常地吃到炸薯条，你也可以使用这个诀窍。当一个人点头称"是"时，他做出同意的决定的可能性要大得多。因此，让你的爸爸妈妈用目光追随一支笔并点头，或者让他们在念故事时做出点头的动作。他们自己也会做点头的动作吗？赶紧抓住他们点头的机会问："今天晚上是不是吃炸薯条？"他们很可能回答"是"！

挑战你的爸爸妈妈

你知道在你笑的时候只牵动了4块面部肌肉，而当你皱眉时会牵动42块吗？所以开心要比忧虑节省更多的能量，而且笑还可以减轻你的忧虑。因此，这个星期你们要一起进行一个假笑比赛。

面对面坐好，开始放声假笑。谁能坚持（真笑或假笑）到最后，谁就获胜！

你发现了假笑会很快变为真笑吗？简单吧？让自己开心一下吧。

奖励

没有家务活

获胜了吗？

获胜者今天可以要求失败者帮自己完成一项家务活，比如整理餐桌或者买饮料。

终极挑战

现在，先勾选出你准备在这个星期感到悲伤的时候进行的实验。

悲伤

- ⭕ 画一幅表现自己心情的画。

- ⭕ 聆听可以抚慰自己的音乐或者随音乐舞动（如果在学校操场上的话可能会不那么方便）。

- ⭕ 唱一首表达自己心情的《哭之歌》。你可以随意改动歌词。

- ⭕ 把令自己感到悲伤的事写下来。哪些想法会使自己悲伤？你自己可以从悲伤中学到什么？它又是怎样试图帮助你的？你也可以给自己的悲伤写封信。比如："嗨，悲伤，我很高兴你来拜访我。你当然可以进来，不过说实话，我希望你不要待太久。我明白你很悲伤，因为＿＿＿＿＿＿＿＿＿＿＿＿＿＿＿＿＿＿＿＿＿＿＿＿＿＿＿＿＿＿＿。"

嘻嘻!!

终极挑战完成了吗？

记得在旁边的圆圈和你的协议上打勾。

给他们的坏消息 ☺

写给你的爸爸妈妈的一段无聊的话

父母经常会犯的一个错误就是试图让悲伤的孩子尽快开心起来，而这会让孩子在潜意识中认为感到悲伤是错误的。请先暂停你（可以理解的）想让孩子不再感到悲伤的举动。可以先通过给感觉命名以及认真倾听来安慰孩子，只要简单地说："噢，嗯嗯。是的，是的，你说说看……"接着再问："你现在感觉怎么样？"如果孩子碰到的是一个麻烦的问题，就问他："让我们一起想一想怎样做会让你感觉好点，好吗？"

10

快乐

成为自己的
快乐DJ

在YouTube上有一段视频，视频中将两个孩子过马路时妈妈向他们挥手的场景重复了3遍，因此你会在视频中看到孩子们过了3次马路，3次之间唯一的区别是背景音乐：第1次响起的是一段带有鼓点的探险音乐，第2次是一首欢快的乐曲，第3次则是恐怖的鬼怪声。

由于配乐不同，同样的场景每次都会给观看者不同的感受。探险音乐让你觉得孩子们将要开始一段精彩的环球之旅，而听到恐怖的鬼怪声时，你会想："天哪，这些孩子就要被树林里一位恐怖的老奶奶用她那副锋利的假牙吃掉了。"

就像那段YouTube视频一样，你也可以为自己播放不同的音乐，就好像你是自己脑袋里的DJ！**不同的音乐会让你对相同的经历有不同的体验。**你脑中的音乐其实就是你的想法。只有你知道那是你对自己说的、没有讲给别人听的话。当你在舞会上对自己说"我要在这个舞池里完全释放自己"时，你会如愿以偿。但是一些胆怯的想法，比如"救救我，我是个舞盲！把我从这儿带走吧！"则会让你害怕得发抖（或许你会因为发明了最新的舞蹈——"抖抖舞"而一举成名）。去做练习1，亲自体验一下吧。

想无拘无束地观看？
先来听我说！

四下看看你现在所在的空间。什么东西让你觉得奇丑无比？是窗帘吗？那么再看看房间里缺少什么。或许可以有台游戏机或者一个舒适的懒人沙发？现在先暂停一下，在心里默念"吃葡萄吐葡萄皮"。接下来，留意一下这个空间里你觉得好看的东西。什么东西让你开心？墙壁的颜色？一张海报？或者那只正躺在它喜欢的地方的宠物？

好奇怪……

昨天我还为今天会下雨而感到开心。

哦对了，还记得你在第6章中学到的快乐是5B's之一吗？快乐包含了所有美妙的情绪，比如开心、平静、满足和热情。

你或许会发现，你的关注点——美好或者丑陋的东西——决定了你对周围空间的感受。所以，你的快乐主要取决于你如何看待事物，而非事物本身。我们以下雨为例。大多数时候你会觉得被雨淋湿是件烦人的事情，但你一定也开心地踩过水坑。事实上道理很简单：当你不情愿地参与了某件事时，你并不会快乐；如果你是自愿参与的，你就会快乐。可见只要是心甘情愿的，即使会因为受罚而留在学校你也会快乐，因为原本的计划是你放学回家后得收拾自己的房间（很可能你的爸爸妈妈已经替你收拾完了，毕竟他们才是最受不了脏乱差的人）。

下面有一些小贴士，帮助你利用自己的DJ超能力更经常地感到快乐。

DJ超能力

做一本幸福集

小贴士 1

在你的笔记本上贴满美好的照片、便签、诗歌、有趣的卡片、绘画以及朋友写给你的甜蜜信件等所有给过你美好感觉的东西。在接下来这个星期多翻几遍这个笔记本，重温快乐和幸福。你也可以做一张海报来代替笔记本。

你脑袋里的怨歌

练习2

用你的手表计时，花1分钟时间抱怨学校。

你会因此开心些吗？或许你会发现，抱怨没有让你快乐反而让你变得暴躁，而且没有解决任何问题。如果你心里想的是"下雨了，看来太阳不会很快出来了"，那么怨天尤人的就只剩下你自己了。如果减少抱怨，你会自然而然地变得更快乐。

添加一些积极的东西

当你发现自己在（大声地或者心里）抱怨时，在你的怨言后面接上"但是"，并在后面添加让你快乐的东西。例如："好烦啊，我现在得去上学，但是幸运的是我又可以见到我的好朋友了。"或者"唉，我真的把我的演讲搞砸了，但是我尽了自己最大的努力。"

不幸福指南

保证有效！

100%保证

强烈地希望幸福永无止境

摆脱幸福的最快的方式是强烈地希望你的幸福永无止境。当聚会马上就要结束时，如果你心里想的是"好可惜，只剩1个小时了"，这个想法会让你顷刻间不再开心，变得失望。

期望很多

你对幸福的期望值越高，你就越容易失望。如果你期望一切完美，那你肯定会感到失望。

假设你非常盼望能够和家人去游乐园，并期待着不用排队等候，可以吃想吃的东西，并且由你（而且只有你！）来决定去玩哪个游乐项目。但是真的到了游乐园，排长队，不能无限制地吃冰激凌，不得不陪弟弟去玩那些让人昏昏欲睡的游乐项目一定会让你厌烦不已。恭喜你，你成功地不幸福了！

游乐园变成了失乐园。

祝你不幸福得愉快！

超级问题

讨厌收拾？厌烦做家庭作业？现在有一个超级问题送给你：

如何让它们变得更有趣？

你可以在收拾的时候播放最喜欢的音乐：一边像碧昂丝（Beyoncé）一样舞动，一边把你的破烂玩意儿收好。你也可以在你的家庭作业旁边放上一碗爆米花，就像你在电影院看电影那样。

越是经常向自己提这个超级问题，你越能让自己的生活变得有趣，哪怕是在无聊和艰难的时候。

> 练习3
>
> 现在再来思考一下什么能够让此刻的你更幸福，必须是一件你现在就真正能去做的事。怎么样？想到了吗？是买杯清凉的饮料、微微一笑？还是舒服地躺在你的懒人沙发上？

能让自己变得幸福的最快方式就是想拥有一件你已经拥有的东西。

免费的礼物

告诉你一个诀窍，可以让你得到非常多的礼物，而且既不是在你过生日的时候，也不用你打碎储蓄罐。要怎么做呢？方法就是停留在你已经拥有而且喜欢的东西旁，比如你的游戏机、你最爱的裤子或者你最喜欢的音乐CD。把它们重新当作礼物送给自己，因为你心里会认为自己能拥有它们真是好棒。于是，你在自己的脸上露出了一个微笑，你的大脑则得到了一剂快乐良方作为礼物。

我很快乐！

不，你只是这样以为罢了。

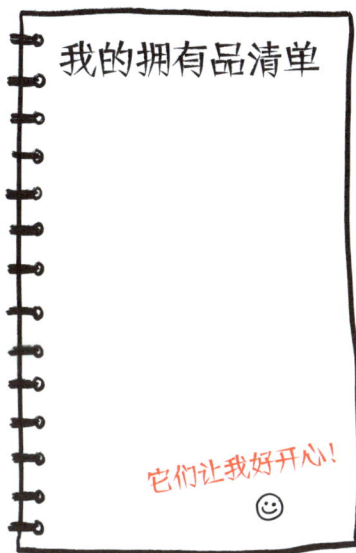

我的拥有品清单

它们让我好开心！
☺

感恩之心

如果仔细想一想，除了让你感到幸福的物件，你的身边还有这么多值得你感恩的事情：拥有健康、有爱自己的爸爸妈妈、拥有一位好老师以及有趣的朋友们，生活在一个安全的国度，自己足够聪明。当然这里讨论的感恩之心并不是指你的爸爸妈妈教给你的在得到礼物时要说声"谢谢"，哪怕是得到类似练习本或者二手内裤这样的礼物。你往往并不是真的感恩，更多是出于必须道谢的礼仪。真正让你感恩的是能够给你美好感觉的东西。

你完全可以在等待、骑车的间隙进行感恩练习，每次想出5件让你感恩的事物。要知道，练习得越多，你就会变得越幸福！

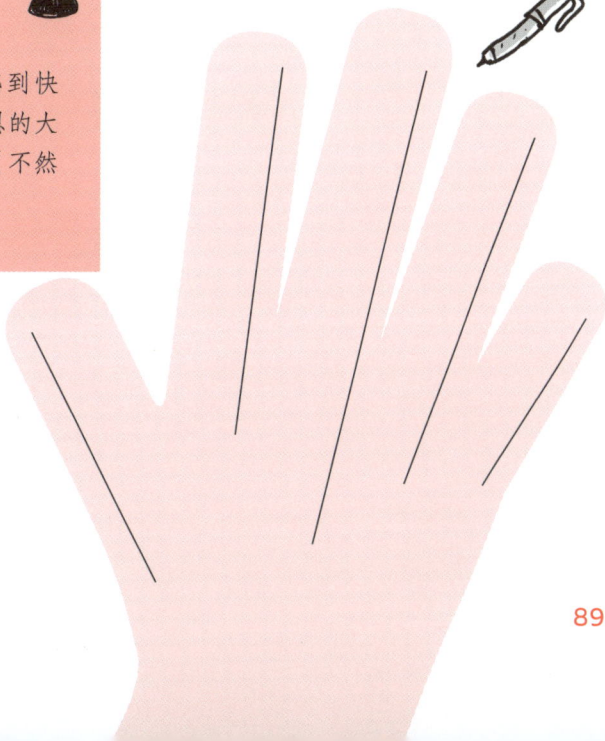

提示：如果这个星期的练习让你感到快乐，那就尽情地享受它吧。当快乐的感觉渐渐消退时，也要平和地对待。这样做，你的快乐不仅不会很快消退，反而会持续更长时间。

现在再回顾一下第87页上的不幸福指南。

现在再回顾一下第87页上的不幸福指南。

小贴士

在吃晚饭时进行一轮"Yes"小游戏。在座的每个人都要讲述一件或两件当天发生的、令自己感恩的，并且自己因为能够参与其中而感到高兴的事情，并且在讲完后大喊一声："Yes！"当然，你也可以在睡觉前一个人做。

那些没有第一时间浮现在你的脑海中的事物同样值得你去感恩。总共有来自至少35个国家的数十个人参与编写本书，如果没有出版社、作者、插画师、为制造纸张提供原材料的伐木工人，这本书就不会存在。当然，不止默默付出的劳作者，还有印字的墨、树木需要的阳光和雨水等。环顾你的四周，所有你现在吃的、穿的和拥有的东西都有你需要去感恩的人和自然因素。

挑战你的爸爸妈妈
感恩食物比赛

1. 拿出一样你们都爱吃的食物，比如一块巧克力。

2. 你们接力说出面前的这个食物包含的需要你们去感恩的事物。

你："往模具里灌注巧克力的灌模师。"

爸爸："设计包装的画师。"

你："制作巧克力需要的可可豆。"

3. 最先无话可说的人即认输。

奖励

获胜了？

恭喜你！可以把面前的好吃的食物吃掉！（不过，和爸爸妈妈一起分享是不是会让你更快乐？）

终极挑战

快乐

玩一玩反抱怨游戏

要知道，你的爸爸妈妈可能会比你还要多地发出抱怨。
所以和他们一起来玩这个反抱怨游戏吧。一旦有人开始抱怨，
对方就要说："但是……"然后抱怨的人就要在后面接上让自己快乐的事。

记下得分，这个星期结束时抱怨次数最少的人就是获胜者，
他可以得到对方的赞扬作为奖励。

是的哈，
你倒是抱怨一下
这个奖品看看！

完成了这个星期的反抱怨游戏了吗？太棒了！

为了获得终极大奖，千万记得在旁边的圆圈和你的协议上打勾。

写给你的爸爸妈妈的一段无聊的话

　　父母给孩子们的唯一一堂关于感恩的课大概就是教会他们好好地说声"谢谢"。于是孩子们将感恩和义务联系起来。你应该帮助孩子去体会感恩之心。以下这些提问可以帮助你：你收到这个（礼物）快乐吗？你心里面有什么感觉？为什么它让你快乐？这件礼物背后是不是还有一件礼物？你会不会因为有人惦记你并为你付出而快乐？你在收到礼物后不回赠些什么没有关系吗？你最希望怎样表达自己的谢意？[10]

11

抵 触

和惹怒你的人
（欺凌者）打交道

你上一次发出 **"太过分了！"** 的感叹时是怎样的情景？

你在一辆挤得水泄不通的电车上放了一个屁？你的妈妈穿了一条新的性感皮裤？还是你在公园里看到一个男人踢他的狗？这时你感受到的是5个基本情绪中的"鄙视"，即抵触。

> **练习1**
>
> 站到镜子前，试想有一颗乒乓球大小的牛眼就摆在你面前。你抓起它塞进自己的嘴里，像嚼一颗口香糖一样慢慢地嚼它。看看镜子中的你露出了什么表情。

或许你会在镜子里看到自己的脑袋在抵触什么东西，因为你觉得这个举动是不正常和行不通的。你可以从这些句子中感觉到这种抵触："**他／她／它好脏／笨／坏／丑／恶心／傻／失败。**"

抵触会提醒你远离那些对你有害的东西，如香烟、垃圾食品或者你的爸爸妈妈在卧室里发出的奇怪声响。你也可以把它看作是提醒你应该采取行动的信号，比如提醒你的妈妈穿那条性感的皮裤并没有让她看上去更年轻，或者神不知鬼不觉地把那条狗从虐狗者身边带走。

愚笨的手指

抵触可以帮助你，但也可以给你带来相当大的阻碍，尤其是当你对别人感到抵触和厌恶的时候。为什么这样说呢？因为这种情绪往往让你觉得自己比别人好，**会让你认为对方不正常，幸好自己是正常的。**所以一开始你会感觉很爽，但是慢慢地，你开始害怕别人也会认为你不正常，比如当你在议论某个你认为是失败者的人时，你会在心底里害怕别人也认为你是个失败者。

抵触的最大问题是它让你伸出示指对别人横加指责，却忽视了自己的错误和行为。比如，当你因考试不及格指责老师很蠢时，其实你忽略了自己的责任——没有足够努力。总是指责他人可一点都不明智。

当你对自己感到好奇时就会更好地去了解自己，从而更加信任自己。也就是说你的自信心增长了。

超级问题

练习2

想出3个你觉得愚蠢或者让你生气的人，把最让你生气的那个人放到第一名的位置。

最搞笑的是惹怒你的人却是你最应该感谢的人。为什么这样说呢？因为惹怒你的人是你最好的老师，是他们激发你更多地了解自己。你往往因那些和你不同的人而烦扰，而他们身上很可能有你需要学习的东西。邋里邋遢的你烦死了自己那个爱整洁的姐姐。你可以向她学习什么呢？学习收拾，这样你就不会总是找不到钥匙了。班上那个害羞、文静的女孩很招你烦？那可能是因为你的嘴巴有时太大了，你可以向她学习三思而行。

练习3

在下面的表格中写下你在练习2中想到的3个人。
写下你可以向这些人学习的地方。

人物	惹怒你的地方	可以向他学习的地方
邻居阿姨	太懒	有耐心
表哥	傲慢	自信
同学丽莎	粗鲁、心直口快	及早讲出困扰自己的事情
你的朋友	这个吝啬鬼从来不肯花钱，真蠢	节俭
爸爸	讨厌他总是说"还好吧"	稳重

1. _____ _____ _____

2. _____ _____ _____

3. _____ _____ _____

当你觉得某个人很蠢时，就向自己提出**这个超级问题：我可以向这个人学习什么？**这样做会让你获得超能力，防止你使用那根愚笨的示指，让你更多地去了解自己并提升自信心；同时你也会发觉对方没那么蠢，自己变得更友善了。你快乐，他们也会快乐。

**你用1根示指指向对方的同时，
也在用3根手指指向自己。**

可怜的欺凌者

或许你会想："向惹怒我的人学习？这还挺有意思，可是**我要如何对待真正的坏人——**欺凌者及骚扰者呢？"

你注意到了动画片里面的坏蛋总是十恶不赦吗？刀疤为了谋权篡位杀死了自己的亲哥哥狮子王木法沙；库伊拉一心只想用可爱的斑点狗宝宝的皮毛做大衣；女巫玛奇卡是一只仅仅为了一枚10分钱硬币就想毁掉一切的鸭子。

练习4

写出2个动画电影或连环画里非常坏的坏蛋：

1._____

2._____

回想你自己做过的一件坏事，你当时是什么样的感受？

你有没有想过，为什么现实中的人和虚拟的动画人物会这么坏？有些时候，他们看上去似乎很享受给别人造成伤害，但是很有可能他们在做坏事时的感觉并没有那么好，如果你设身处地地想一想的话或许就会理解。人们行为卑劣，因为他们不幸福。尽管他们表面看上去强大、冷酷，有时候甚至开心，但他们的内心深处却感到痛苦和渺茫。这些人犯了一个思想错误：他们认为通过伤害别人可以使自己摆脱痛苦。**这就像流感患者试图通过将病毒传染给别人来摆脱自己的疾病一样。**

这些人的成长环境和经历让他们变得不幸福。或许女巫玛奇卡以前被黛西欺凌过，这让她觉得自己是个丑陋的失败者，自己只能通过获得那枚硬币才会变得受欢迎和幸福。而你的班级中的那个欺凌者可能被他的爸爸一直当作拳击沙袋，所以他在班级里要找人发泄，这样他至少在学校里可以说了算。

练习5

回顾你在练习4中写下的答案，想一想为什么这些坏蛋会做如此恶劣的事。例如，库伊拉可能是因为以前被狗咬过，而且一直无法摆脱掉这个阴影，所以才会用虐待狗的方式来报复。

坏蛋1：＿＿＿＿＿＿＿＿＿＿＿＿＿＿＿＿＿＿＿＿

坏蛋2：＿＿＿＿＿＿＿＿＿＿＿＿＿＿＿＿＿＿＿＿

如果这些人是幸福的，他们没有理由伤害别人。快乐的坏蛋只会让连环画和动画电影非常无聊。如果玛奇卡对自己以及自己拥有的东西感到满意，她就没有任何理由要让史高治·麦克达克痛苦地生活，她只会想着："存着你的10分钱硬币吧，我要自由自在地骑着我的扫帚去夏威夷。"而你的班级里的那个欺凌者如果有一位慈爱的父亲，那他很有可能会举止友善得多。

不要恨他而是随他去吧

受伤的人才会伤人，你应该知道这一点，因为这会对你有帮助。设想一下，假如你在树林里散步时碰到一条狗，它凶恶地狂吠并露出牙齿。一开始你会在心里骂道："讨厌的疯狗！"但当你发现这条狗是被狐狸夹子夹住时，它瞬间会从一只野兽变成你想帮助的可怜动物。你的坏哥哥或者班上的欺凌者也有相似的境遇。**如果他们欺负你，大多数时候你都是无辜的，只是因为他们自己不幸福。**所以你不要害怕，反而应该同情这个可怜鬼。这样想会给你平静和自信，虽然你的问题并没有马上解决，但不管怎样，这会提醒你：你没有错。

写出4个对你说过刻薄话的人，以及他们如此刻薄的原因。如果你不确定，也可以自己虚构一些不必是真实的话。

刻薄的人	他们为什么刻薄？
1.	
2.	
3.	
4.	

说"不"（有时候是"是"）

理解一个人的刻薄并不意味着你需要和他成为朋友。注意和他保持距离，如果你觉得这样对自己更好的话。如果这个人和你同班或者在同一个俱乐部呢？那你就把自己想象成一位超级英雄，身体周围有一层保护罩，这层保护罩可以保护你不受欺凌。如果你觉得对方没有真诚地对待你，你要敢于和他划清界限。你可以简短、有力并从容地说："我不希望你这样对待我。"或者"停下。"说的时候不要让自己听上去愤怒或者害怕，也不要理会他对你的看法。**对欺凌者最好的报复就是让自己过得好**，那样他们才会放过你。

没有你的允许，任何人都无权让你觉得自己是个失败者。

其他人对你的看法只管丢到垃圾桶里就是了。

千真万确！

很多名人也都曾遭受过欺凌：蕾哈娜（Rihanna）、詹妮弗·劳伦斯（Jennifer Lawrence）、黛米·洛瓦托（Demi Lovato）、赛琳娜·戈麦斯（Selena Gomez）、贾斯汀·比伯（Justin Bieber）、Lady Gaga，尚塔尔·杨森（Chantal Janzen）、扎克·埃夫隆（Zac Efron）。他们都认为学习与欺凌相处会使人变得更强大。现在，你又增加了一个超能力！

你真是一个讨厌、愚蠢的小混蛋！！

噢……是啊……我完全忘记了。

啪

谢谢提醒！

以其人之道，还治其人之身

你当然也可以对欺凌者"以其人之道，还治其人之身"。准保成功！试试下面这个方法。

当有人骂你时，通常你都会还嘴。"你是个混蛋！"你听到这句话的第一反应是"不对，你才是个混蛋"。但这正是欺凌者想要的。你知道对欺凌者最好的还击是什么吗？那就是对一切表示赞同，对一切都平静和快乐地说"是"，并赞扬对方。

欺凌者："你是个混蛋。"你："对，完全正确。你真厉害还能发现这个。"

欺凌者："哈哈，你同意我的看法。"你："完全同意。不管你跟我说什么，我心里都是高兴的。"

欺凌者："呃……"

如果他继续嘲讽你，你也继续赞同他。你得等着瞧他最终会多么失望地放弃。

← 好笑吧？一个失望透顶的欺凌者！

99

嘿！
你是不是已经厌烦了看大段大段的文字？我有样东西给你 ➤

耶！！

5个小贴士
更好地和惹怒你的人相处

1. 如果你感到厌烦了，向自己提问："我可以从中学到什么？"

2. 告诉自己，如果某人做事卑劣，那他自身是有问题的。

3. 想象你身体周围有一个保护罩在保护你。

4. 坚定并从容地与他们划清界限。

5. 同意欺凌者所有的话，赞扬他，并对一切都快乐地说"是"。

挑战你的爸爸妈妈
生气点游戏

奖励

　　一起来做生气点游戏吧，因为你可以从中学到很多东西。假设你在跟你的爸爸一起玩：

1. 由你先开始，猜一个会让爸爸生气的点。

比如，你可以问他："我觉得当我为了能够多玩一会儿游戏而胡搅蛮缠时，你会生气吗？"

你说对了吗？你的爸爸确实会为这件事生气吗？
讨论一下他可以从中学到什么。

可能你的爸爸也应该更多地为自己考虑，达成自己的心愿。

2. 现在轮到你的爸爸了，他可以猜到惹怒你的点吗？

他可以这样说："我觉得你会不高兴，如果你在讲一个严肃的故事时我突然发笑。"

讨论你可以从中学到的东西。

或许有的时候你不用把自己太当回事儿，并试着自嘲一下。

成功了吗？

　　如果你完成了生气点游戏，就可以得到一张王牌啦，在你的爸爸妈妈要求你做某件家务时，你可以亮出它。然后你的爸爸妈妈……当然就不可以表现出生气的样子啦！

终极挑战

抵触

去你的，欺凌！

这当中的一个！

这个星期至少使用一次本章中的小贴士。
将你准备使用的小贴士写在下面：

_____

这个星期至少发现一件你在做的刻薄的事情。你为什么会这么做？

_____

什么可以让你感觉更幸福，让你不用再去做刻薄的事情？

_____

完成终极挑战了吗？

为了获得终极大奖，记得在旁边的圆圈和你的协议上打勾。

写给你的爸爸妈妈的一段无聊的话 ——→ 为了欺凌他们 😜

　　没有比自己的孩子被人欺凌更让父母痛苦的了。让孩子免受欺凌的诀窍在于教会孩子坚定、自信而不是使用暴力。坚定自信的孩子会坚定、从容地应对欺凌者。对欺凌者来说，受害者强烈的情绪反馈意味着他成功地施展了淫威，他会因此继续欺凌。鼓励你的孩子借助本章中的"小贴士"，平静、乐观地回应欺凌者，这样做欺凌者自然就会失去继续欺凌的动力。

12

羞 耻

成为"失败国王"

大脑警报！你的大脑会变魔术，让你有时候陷入麻烦。不相信吗？做下面这个练习来体验一下大脑的魔力吧。

（你现在肯定在测量大小，对吧？）

两个橙色圆形是一样大的。

如同被这两张图愚弄一样，我们也会被自己愚弄。如何愚弄？**通过整天把自己同别人进行比较，让我们觉得自己比别人"小"或者"大"。**

假设你是左侧的橙色圆形，而灰色小圆形是你看不起的人。那么你感受到的自己要比实际上的你更"大"，你会暗暗想："我排球比你打得好，所以我比你更厉害。"

假设你是右侧的橙色圆形，而灰色大圆形是你仰慕的人。那么你感受到的自己将比真实的自己要"小"得多。此时的你也许会暗暗想道："和我脑袋上难看的'鸟窝'相比，她的头发要漂亮得多。"

当你觉得自己比别人好或者差时，这个想法会给你造成极大的影响，并使你变得不幸福，因此我有一些"小贴士"送给你。我会先告诉你在你觉得自己比别人"大"的时候你可以怎么做，再告诉你当你觉得自己比别人"小"的时候该怎么做。

● 觉得自己比别人"大"

妈妈们高估自己的时候要比爸爸们少得多！

练习2

问问你的爸爸，他开车的技术是不是在所有司机的平均水平以上。

他的回答是什么？我猜他很可能回答"是"。十之八九的爸爸们认为自己的开车技术在平均水平以上。这当然不可能，因为那样就意味着几乎所有的爸爸的开车技术都在平均水平以上。大多数人会高估自己，就像你的爸爸一样。其实你也会一样地高估自己，没错，说的就是你。你会认为自己在跑步、计算、踢足球、跳舞、做手工或者听讲方面比别人表现得更好，认为自己更聪明，因为你能看懂这本书里所有的字词。是这样吧？我明白你为什么这么认为，那是因为你的大脑用"魔术"把自己的圆变大了，就像练习1中的左侧图形那样，于是你就显得比实际上的你更重要些。不过实际情况是你在很多方面的表现仅仅是平均水平，跟大多数人一样。

稍微高估自己一点并没有很大的关系，这甚至会给你增添自信。但是如果你太高估自己，那你将不再能够坦诚地看待自己的错误，因为承认错误会缩小你的圆。于是，你为了保护你的圆而会把责任推给别人或别的东西，当你踢飞了一个点球时，便会说那是因为你的足球鞋不好或者内裤太紧，而不是去思考自己该如何提升球技。

好，那么就由两位踢得最好的来选队员。

当然是我，还有谁踢得更好吗？

非常擅长某些事情？真的吗？
没错，你将在第15章看到更多相关的内容。

超乎寻常的平均

没错，你在很多方面的表现只处于平均水准，你会非常擅长某些事情，也会在某些事情上很不在行。如果你接受这个说法，就不要再装作比真实的自己更"大"，承认自己只是个普通人，这并不是一件丢脸的事。真好，做真实大小的自己真是让人松了口气啊！你也来试一试吧。

小贴士

你也讲过八卦新闻吧？你试图通过讲八卦新闻把别人的圆变小，从而让你的圆显得更大。所以，当你正准备说"她的成绩是很好，但是她的龅牙太减分了"时，想想那些圆，把你的话咽到肚子里去吧。

平均水平者

太棒啦！

为自己的圆感到快乐

练习3

站到镜子前，大声说出2件你擅长的事情、2件你不擅长的事情以及2件你表现平平的事情。在心里默念："人无完人，我也不错。"接着，将2个大拇指指向自己并大声说："我还行。"或者"我完全接受我自己。"或用你自己的话来讲，比如："耶！我也可以达到平均水平。"或许感觉有点怪，可是这非常好。在这个星期，只要你愿意，就尽可能多地重复那句"我还行"，大声地或者在心里默念。然后你会更加快乐地认同自己。

这很难吗？很多孩子和大人都觉得承认自己在很多方面的表现处于平均水平很难。如果你能够做到，那么你在这个方面就超过了平均水平，而且你的大脑也会获得非常多的超能力。当你装作比真实的自己更"大"的时候，你会一直害怕露馅，而当你不需要再装模作样时，你就不用害怕犯错。这样不仅为你省掉了一大堆的顾虑和担心，还可以为你保存能量去为自己还不会做的事情努力，比如提升球技，学习本书中其实你并不明白的某些词语。

觉得自己比别人"小"

你有过因为懒得去厕所而在教室里把尿撒在水杯里的经历吗？你当然没有过！因为那样做你会羞愧难当的。**羞耻感使你举止得体，使你合群。** 然而，这往往没有实际意义。与此同时，羞耻感还是一个能够轻易偷走你的自信心的小偷。比如，当你因为演讲失败、屁股太大，或者每次都是最后一个入选体操队而感到羞耻时，羞耻感会让你觉得自己是个失败者，或者和别人相比你不够好。于是，你把自己的圆变得比实际更小了。

练习4

你上一次感到羞耻是什么时候？在右边的小人上圈出你感受到羞耻的部位（如红色的脸颊或者翻腾的胃），并在泡泡框里写下你当时的想法。

你发现羞耻感这个"小偷"会厚颜无耻地试图偷走你的自信心，比如在你说了个冷笑话后班上一片死寂，你恨不得钻进地里时，你不禁会想："我真是个大傻帽！"而此时正是你的羞耻感在偷袭你，**祝贺你，你逮到了那个"小偷"**。不要立刻赶走羞耻感，而是充满好奇地探查自己身体里的感觉。接着，对那个"小偷"说："你可以前来拜访，不过你是无法偷走我的自信心的。我盯着你呢！"

查看第51页上的求助"热线"。

小贴士

你的羞耻感讨厌你谈论它，所以和你身边足够信任的人讲述你感到羞耻的事情，让羞耻感像阳光下的雪一样融化。

捉弄你的大脑

如果你的一个好朋友经常对你说："傻瓜，你什么也不会。"或者"你的痘痘好恶心。"你还能和他保持多久的友谊？我想不会太久。然而，你却可以接受自己这样对自己说话。**你有时候对朋友要比对自己友善得多。**

当你感到羞耻时，你会觉得自己蠢。幸好你可以训练你的大脑，让它像你对待你的朋友那样友善地对待你自己，哪怕是在你感到羞耻的时候。这个星期，当你感到羞耻的时候，充满好奇地探查它的感觉，并思考一下，当你最好的朋友感到羞耻的时候你会对他说什么。接下来，对自己说同样的话，比如"没有关系""你行的""你很友善"。这样你就可以把大脑训练得对自己更加友善。

"失败国王"

练习5

当你尽了全力但最后还是只拿到一个低分时，你感觉自己像什么？

⭘ 一只羞愧的羊

⭘ 一坨烂泥

⭘ 一位勇敢的国王

小贴士

吃晚饭时进行一轮"辉煌的错误"游戏。在座的每个人都要分享自己在过去的星期里犯的一个错误，以及从中学到了什么。当你勇于分享自己的错误时，你会得到在座的每个人的掌声。

如果你为某件事尽了全力但最终没有成功，那么你并不是失败者，而是一位"**失败**

国王"。

敢于犯错不是用来形容失败者的，而是那些有勇气在摔倒之后勇敢站起来的国王。假设你想成为一名拥有很多粉丝的知名播客，于是你疯狂地制作视频，但你的粉丝始终只有3个人（你的妈妈、姑妈和你自己）。你不用感到羞耻，反而应该为自己骄傲，因为你在为了达成心愿而做出尝试。你的失败其实是你的机会，你可以从中总结出什么可以、什么行不通，并做出新的尝试，比如制作更好的视频或者尝试一个完全不同的爱好（打保龄球、用鼻屎做雕像）。

小贴士

准备一本"失败国王"日记，每天写下一个让你感到骄傲的错误，以及你从中学到的东西。

不犯错误的人生就像一所没有老师的学校。

挑战你的爸爸妈妈
做些尴尬的事

你想更少地感受到羞耻吗？那就不要太在意别人对你的看法。
该怎么去做呢？有意地做一些尴尬的事！

你会发现其实没有什么大不了的，别人并没有像你想象的那样关注你，因为他们更关心的是别人怎么看待他们自己。那么，今天和你的爸爸妈妈一起从下面的清单中找一件尴尬的事情来做吧。看看你们能不能对此一笑而过，并完全接受自己。

- 互穿对方的衣物（你穿妈妈的毛衣，爸爸戴你的发箍/棒球帽），然后一起到一个有很多人的地方，比如公园或购物中心。

- 为对方选一种动物，然后对方要模仿那种动物在街上来回走，比如你得像袋鼠一样挥着手从你的邻居身边跳过。

- 在3分钟内，不假思索地连续说出所有出现在你们脑袋里的想法。

- 一起进电梯，盯着电梯里的人看，而不是安静地发呆。

- 一起在一条繁忙的街上唱（错）歌，然后拿着帽子讨钱。

- 一起向一个陌生人提出一个奇怪的问题，比如"你知道时间的起源是几点吗？"

- 其他：

  _____

  _____

奖励

成功了吗？

这都做到了？你们太酷啦！如果你成功了，今天晚上可以晚半个小时上床睡觉！

记住，接受你自己，并且不要太在意别人对你的看法，这会让你如释重负。

终极挑战

羞 耻

给自己的信

这个星期，给自己写一封信。

想一想你有没有让自己感到羞耻或者生气的地方，比如过于害羞、容易惹人生气或者容易和别人争吵。

现在，假设一种超能力把你变成了你最好的朋友、一位好老师或者你的偶像，那么接下来，以对方的身份给自己写一封友好的信。先以我自己为例，我经常因为自己的大耳朵而感到羞耻，于是我以我的妈妈的身份给自己写了一封信。信的内容如下。

小贴士

为了让挑战更有趣，把信寄给自己，或者请你的爸爸妈妈在1个月后寄给你。大惊喜！

> 亲爱的伍特：
>
> 真遗憾你因为自己的大耳朵而感到羞耻。它们的确很大，但这让你变得如此独一无二。我觉得它们很漂亮，因为它们和你的脑袋很配。
>
> 爱你的妈妈

这是我自己写的

你成功地给自己写了一封友好的信吗？

为了获得终极大奖，记得在旁边的圆圈和你的协议上打勾。

写给你的爸爸妈妈的一段无聊的话

研究表明，如果你仅仅试图通过赞扬孩子擅长的事情来增强他的自信心，可能会导致孩子自恋、孤独和抑郁。但如果父母让孩子学会接受自己，包括他犯的错误、他的缺点和他的平凡之处，那么孩子将会拥有更强大、灵活的学习能力。谨记：只对孩子的行为进行赞扬及批评，而不是针对他本人。不要说："你很懒/很聪明。"而要说："你表现得很懒/很聪明。"[11] 这样，孩子将能通过你的用词把自己的坏成绩或错误与自尊心区分开。

13

分心

战胜屏幕魔鬼

你是不是也抱怨过一天的时间就这样匆匆过去了？你想下功夫做某件喜欢的事情，却没有足够的时间？因为你还得去上学，写家庭作业，做家务。可惜一天只有24个小时，不足以让你既变成歌手、专业游戏玩家、芭蕾舞者和数学天才，还让你能够周游世界，有时间去打破最富有的小孩的世界纪录。而你很可能还想留出些时间给几个和你玩得很好，并且遇到麻烦时可以寻求帮助的好朋友。这些都需要你腾出足够的时间出来。

千真万确！

要是一天有25个小时该多好啊！你还得再耐心地等一等，因为在遥远的未来，地球上真的有可能变为25个小时，我们的星球越转越慢了。[12]不过是大概2亿年后的事了。在那之前，你必须合理地分配自己宝贵的时间，选择你想要擅长的事情，练体操、做短视频、画素描画或者唱歌。

练习1

你希望腾出更多时间做什么？在下面打勾。

当然是用更多时间读这本超有趣的书！

- ⭕ 成为专业足球运动员
- ⭕ 更多地和朋友们约会
- ⭕ 做恶作剧
- ⭕ 学习一项新的运动，比如蹦床、冲浪、冰球、击剑
- ⭕ 成为一名知名的播客
- ⭕ 学习一门新的语言
- ⭕ 写一本童书

- ⭕ 参加一个音乐类的比赛
- ⭕ 在哥哥的房间里布置一个动物粪便博物馆
- ⭕ 在二手网站上出售自己的旧玩具
- ⭕ 清理塑料漂浮垃圾
- ⭕ 学习一项新技能，比如编程、变魔术、表演
- ⭕ 其他：＿＿＿＿＿＿＿＿＿＿＿
  ＿＿＿＿＿＿＿＿＿＿＿＿＿＿＿
  ＿＿＿＿＿＿＿＿＿＿＿＿＿＿＿

爱普克·松德兰德（Epke Zonderland，荷兰体操运动员，2012年伦敦奥运会单杠金牌得主）很小就开始练习体操，他常常因为参加训练而不能和朋友们约会。

弗里克·沃恩克（Freek Vonk，荷兰著名生物学家）很小的时候就会每天放学后去探寻大自然，花几个小时站在水沟的泥泞中寻找昆虫。

C罗（Cristiano Ronaldo）每天放学后都要在街上或者他家附近的足球场上踢几个小时足球。

赢得时间

如果你想做那些你打了勾的事情，就得像爱普克、弗里克和C罗那样付出时间。可是时间如此有限，要做的事情又那么多，你该从哪里挤出这些时间来呢？

练习2

你认为对你来说最靠谱的挤出时间的做法是什么？

- ⭕ 缩短上厕所的时间
- ⭕ 不去上学
- ⭕ 一个星期洗一次澡
- ⭕ 狼吞虎咽地吃完早、中、晚饭
- ⭕ 减少盯着屏幕的时间

是啊……你这样当然永远成不了一个有名的播客！

据估算，你的生命中约有1/3的时间坐在屏幕前面！所以，你可以通过合理地利用这些时间来做一些很酷的事情，当然你还是应该给屏幕留上些时间，打游戏和看电影也很棒哦。不过，你的唠唠叨叨的爸爸妈妈可不这样想，他们当然是希望你最好不要在屏幕前面坐太长时间。

硬性毒品？

也许会有点讽刺，问一问你的唠唠叨叨的爸爸妈妈，他们小时候会花几个小时坐在电视机前或者玩雅达利、任天堂游戏机。即使是现在，他们很可能也常常盯着手机或电视机看，其实他们很可能也宁愿把时间花在别的事情上（你问一下他们）。由此可见屏幕有多容易让人上瘾，你的爸爸妈妈也对它欲罢不能。事实上这并不奇怪，因为据科学家研究发现，长时间使用社交媒体、看电视、上网和玩游戏**对人的大脑的致瘾性等同于硬性毒品。**

练习3

向你的对屏幕上瘾的爸爸妈妈提出以下问题：

· 你平均每天花在屏幕前的时间有几个小时（打电话也算）？

· 你希望缩短这个时间吗？

· 你为什么办不到？

· 你更想把自己的时间花在什么地方？

小贴士

（也是给你的爸爸妈妈的！）

手机的应用程序Moment（iOS）和QualityTime（Android）会替你记录你使用手机的时间。下载应用程序并用它来监督你一个星期内的屏幕使用时间。不要被结果吓到！

现在轮到你自己了。

进行下面这个练习。

练习4

你是不是觉得自己打游戏和看短视频的时间并没有很多？这个星期，记录一下自己花在以下事情上的时间：

· 你的爱好/你想擅长的某样事情/和朋友共处

· 打游戏/看短视频/使用社交媒体软件/看手机/看电视

或者请你的爸爸妈妈来替你记录，这样你又可以节省出一点时间啦！

关掉你的手机，你的朋友们需要你。

啊，我的大脑里有蛀洞！

你想要一副满是蛀洞的黄色烂牙吗？当然不想了！所以你没有整天往嘴里塞糖果。那么，你对待屏幕的方式也应该一样。**看屏幕和吃糖果是一回事**——你的大脑感觉超棒，但是和糖果吃多了一样，你会因此生蛀洞，只不过是在你的大脑里。如果你看屏幕太长时间，你的大脑就会变得不好 [13]，进而影响你的整体状态，导致你变成屏幕上瘾者，更容易害怕、更孤独、睡眠更差，不能很好地集中注意力或者运动。幸好有一个迅速见效的方法可以让你的大脑再次得到强化，那就是更多的活动，即做大量的运动和户外游戏。

看电影和打游戏对你只有坏处吗？才不是呢！

下面有一些打游戏和看电影的好处，你可以用它们来说服爸爸妈妈。

不要错过它！

· 你的爸爸妈妈可以有那么一会儿免于你的"干扰"。

· 游戏玩家拥有更快的反应能力。

· 每天打30分钟游戏对大脑有益。[14]

· 和朋友一起看电影会增进友谊。

· 可以通过观看短视频学到超级多的东西（弹吉他、一门新语言、用纸折一个回旋镖）。

你的爸爸妈妈不相信吗？可以让他们读一读这本书最后的科学依据部分。

练习5

值得高兴的是你的手机和笔记本电脑也可以是好友联络器。每天给一位朋友或者家人发送一条友善的信息。比如给他一个赞扬，告诉对方你为什么觉得他很友善，或者对他说："我觉得你很酷。"

在旁边填写你打算发信息或者电子邮件的对象的名字，以及你想在哪天和他们联系。

星期一	
星期二	
星期三	
星期四	
星期五	
星期六	
星期日	

现在你知道了花过量的时间盯着屏幕不仅对大脑不好，还会剥夺你实现目标的时间。所以，下定决心少看屏幕吧。如果你做得不对，不要打自己的脑袋，而是再试一次。如果你仍然无法做到少看屏幕，那就注意自己看的内容。经验法则告诉我们：**越能让大脑变活跃的东西越好**。所以玩"我的世界"要比看猫咪视频更好。挑选一部有趣的关于宇宙或昆虫的纪录片，而不是放一部幼稚的动画电影来消磨时间。

小贴士
给你的爸爸妈妈上一课

你的爸爸妈妈最希望的就是让你少盯着屏幕。如果你自己也觉得那是个好主意，你还可以从中获利！你可以走到他们面前说："我知道我们都对自己的手机和其他屏幕上瘾，但是我要做个好的榜样。那会非常难，可是我仍然打算每天只看几分钟的屏幕（最好比你的爸爸妈妈规定的时间稍微少一点）。但是没有你们的帮助，我是做不到的。我需要你们的监督。如果这个月的每一天我都做到了，我可以从你们那儿得到双倍的零花钱吗？"

挑战你的爸爸妈妈

无屏幕区

为了帮助你的爸爸妈妈减少看手机的时间，你和他们约定这个星期的每一天都要把你们的屏幕设备在鞋盒上放2个小时。在此期间谁也不准靠近鞋盒，也不允许看电视。在这2个小时内，你们的家就是无屏幕区！

设置一个闹钟，在这个星期中的每一天都能做到让屏幕设备在鞋盒上放2个小时的人将得到奖励。

奖励

成功了吗？

如果你成功了，这个星期你可以有1个小时的时间来和你的爸爸妈妈一起做一件事，并且由你来决定做什么（比如一起玩游戏或者让你的妈妈模仿奶牛1个小时）。如果你的爸爸妈妈不能遵守无屏幕区的规定，你也能赢得这个奖励。如果你的爸爸妈妈成功了，他们将得到一个你给的最温暖的拥抱或者你的一句赞扬："干得好，老同志。"

没有盯着屏幕看的时候你过得怎么样？你的爸爸妈妈呢？或许你会因此变得轻松一些，或者正好相反，你因为一直都想看手机而坐立不安。那是戒断症状（还记得前文提到的社交媒体和游戏就和硬性毒品一样有成瘾性吗？），最好的办法就是坚持。在某个特定的时刻，症状就会减轻，你会发现自己因为减少看屏幕而感觉更加愉快和平静。你还会发现自己可以把无屏幕的时间很好地利用在你希望实现的目标上。

小贴士

一款让你减少使用手机应用的手机应用

手机应用"Forest"是一款小游戏，在你没有使用手机的时候，游戏里会长出一棵树，一旦你查看了手机，树就会死掉，你就永远不能种出一片美丽的树林。这款小游戏可以让你在查看手机前三思！

终极挑战

将这个挑战和"挑战你的爸爸妈妈"合起来进行，这样你就又能节约出一些时间啦，干得好！

无屏幕日

分心

和自己约定，在这个星期中选择一个工作日和周末的一天作为无屏幕日（如果你上学需要用屏幕，不算违规）。在你选定的两天上打勾：

（星期一）　（星期二）　（星期三）　（星期四）　（星期五）　（星期六）　（星期日）

用节省下来的时间去做你在练习1中选择的活动。在下面写下你首先要做什么以及你打算什么时候做。

做什么？ _____ 什么时候做？ _____

终极挑战完成啦？

为了获得终极大奖，记得在旁边的圆圈和你的协议上打勾。

写给你的爸爸妈妈的一段无聊的话

iPad的发明者史蒂夫·乔布斯（Steve Jobs）禁止自己的孩子使用iPad，因为他意识到这个设备的危害和弊端。如果孩子能够明白看太多电视或者盯着手机屏幕太久是不健康的，那么他们遵守规定的情况要远远好于那些认为父母是因为专断而不允许自己看电视的孩子。[15] 记住，能够治疗孩子的最好药物是好的榜样。

119

14

友 好

使朋你的秘密
回旋镖

设想这样一个场景：你对街上的一位女士微笑，受你的微笑的感染，这位女士对超市的收银员姑娘表现得更加友好，这位收银员也因此带着更快乐的心情回到父亲的家中，而她的父亲恰好是你的老师。他正忙着填写你的成绩单。女儿的好心情也影响了他，所以他姑且饶过了你——你的语言考试勉强及格，刚好让你不用留级。一个小小的微笑竟然有如此大的影响！而你的举动就像一个回旋镖：你对别人友好，自己也能收获友好。

练习1

别人对你做过的最友善的事是什么？有没有人曾送给你一件意想不到的礼物、帮你剪过脚指甲或者在你困难的时候帮助过你？

你当时感觉如何？

这样扔……回旋镖飞走了

感觉肯定不错。同样，如果你对别人做了友好的事，你也会感到愉快。帮助一位老奶奶过马路，不仅能让她的脸上有了笑容，也能增添你脸上的笑容。如果你让别人幸福，你自己也会幸福。

超级友善
真实发生的故事

得了癌症的扎克仍然坚持去上学，但不久他的头发就掉光了。一天，他的同学、也是他最好的朋友文森特戴着一个棒球帽来上学，并喊道："大惊喜！"，文森特摘掉帽子，扎克看到他把头发剃光了，扎克乐了，开怀大笑。幸运的是现在扎克的癌症已经痊愈了。

千真万确！

科学家称，人们所有的超能力中，友好是最强大的一个。友好的人更长寿、更健康、更快乐、更成功，也更容易达成心愿。因此，在这个星期你将获得让自己变得更加友好的"小贴士"及诀窍。

友好＝能力

读下面的故事来获得答案。

"两只狼"

哈桑和爷爷坐在篝火旁。哈桑问："爷爷，人生来就是善良的吗？"爷爷回答道："在我的身体里有两只'狼'正在打斗。那只灰色的'大狼'是恶的，它的身体里住着愤怒、嫉妒、傲慢、偏见、贪婪和（自我）憎恨；那只棕色的'大狼'是善的，它的身体里住着快乐、满足、爱、希望、平静、友善和真实。每个人的体内都有两只'狼'在打斗，你也不例外。"男孩盯着火焰，然后问："哪只'狼'会获胜呢？"爷爷微笑并回答道："你喂食的那只'狼'。"

幸运的是友好是可以习得的，通过给棕色的"大狼"喂食，并让灰色的"大狼"饿肚子。但是为什么我们不能只有一只肥肥的棕色的"大狼"在身体里，彼此都保持友好呢？友好待人往往是说起来容易做起来难。保持友好非常难，因为你身体里的那只灰色的"大狼"常常冲你高声嚎叫："**只能给我喂食物，其余的都完蛋吧！**"因此，有时候你会对棕色的"大狼"视而不见，只考虑利己。比如，你因为肚子饿了而自己吃掉了最后的巧克力（你选择喂食灰色的"大狼"），但你其实可以在弟弟跟你要的时候分给他一半（你选择喂食棕色的"大狼"）。

捉弄你的大脑

在你的手腕上戴个手环，每当你发现自己在做不友好的事情时就更换一只手环。比如当你欺凌别人、小气、插队或者给出恶评时。你要为发现了它们感到骄傲。你的大脑是如此的好逸恶劳，频繁地更换手环会让它变得烦躁，于是就索性让那只棕色的"大狼"长肥吧。

友好的秘密

你认为以下的行为是友好的吗?

帮助一位老奶奶过马路,只为了给你的朋友留下好印象。

$\bigcirc$ 是　$\bigcirc$ 不是

送出一份昂贵的礼物,以确保在你过生日时至少能期待别人回赠一份一样昂贵的礼物。

$\bigcirc$ 是　$\bigcirc$ 不是

赞扬别人,希望自己也受到赞扬("好漂亮的鞋子! 你觉得我的怎么样?")。

$\bigcirc$ 是　$\bigcirc$ 不是

以上3个都不是! 这些表现都是伪善的。友好的真谛在于你为别人做事是不计回报的,也是无须掌声的。

> "真正的友好是做了好事而不知道对方对此了然于心。"
>
> ——奥普拉·温弗瑞
> (Oprah Winfrey)

练习3

　　先把你手中的书放一边，去为别人做一件友好的事情而不被发现。比如，帮妈妈整理客厅，扶起翻倒在地的自行车，打扫别人花园里的落叶，明天偷偷地往某位同学的书包里放一封赞扬的信，把你的零花钱塞进（穷）人的信箱，并附上一张卡片，上面写着："用来买些喜欢的东西。祝好！一位陌生人。"

"快乐的源泉是你给予了什么，而不是你获得了什么。"

——温斯顿·丘吉尔
（Winston Churchill）

　　进行得怎么样？你感到快乐了吗？真好！即便这个过程中你没有任何感受也无妨，因为你本来就不求回报。

　　注意：不要混淆友好和任由别人践踏。 当你的朋友问你她能不能看你的日记时，你有权说不。如果你对自己不友好，就很难对别人友好。因此，做到友好的诀窍在于友好地对待别人的同时要照顾到自己的感受。

给予的力量

　　给予能让你的棕色的"大狼"饱餐一顿，也会让你自己变得快乐。给予会使人幸福，但有时候也并非一件容易的事。在你给出宝贵的东西时，比如你酷帅的太阳镜或者最后一口你最爱的食物，你身体里的"吝啬鬼"（那只灰色的"大狼"）会在你耳边低声说："别给！不然你自己剩下的就太少了！"此时最好的办法是无视这个"吝啬鬼"的声音，自己决定是否给予。试一试吧。

练习4

　　今天尝试给予别人某样东西吧，比如时间（不打游戏，而是去听你的妹妹弹奏钢琴）、金钱（拿出自己存款的一部分用于做慈善）或者物品（把自己漂亮的项链送给最好的朋友），一定要选择让你难以割舍的东西。如果那只灰色的"大狼"在你耳边低声地阻止你，要保持警觉，但仍然坚持去做，因为你认为给予是美好的。

甜蜜的故事

小姑娘手中有两个苹果。妈妈问她："我可以要这两个苹果中的一个吗？"小姑娘犹豫了，并在两个苹果上都咬了一口。妈妈感到很失望。接着小姑娘递给妈妈其中一个苹果说："给，妈妈，我把它们都尝了一下，这个更甜，给你！"

赞扬的力量

我可以给你一个赞扬吗？

谢谢你，优秀的小读者，将你其实可以用来打游戏或者看短视频的时间用来读这本书，并且坚持读到这里。太好了，你正在训练你大脑中的超能力！我相信像你这样的孩子可以让世界变得更美好。

听到这段话应该很高兴吧？**每个人都喜欢听到赞扬。赞扬是一件礼物。**当你给出真诚的赞扬时，对方会对自己有更好的认同，你们彼此间也会更容易进行交谈并成为朋友。

要赞扬什么呢？你可以针对对方的4种特质作出赞扬：

1. 对方的外貌（"你的长脚趾真好看！"）

2. 对方拥有的东西（"这个发光的枕头真酷！"）

3. 对方可以做到的事情（"哇，太酷了，你可以用舌头碰到鼻子！"）

4. 对方的性格（"你真有趣！"）

练习5

站到镜子前，给自己一个赞扬。

不要太夸张哦！

125

大多数人会在因为做了力所能及的事或拥有乐观的性格而受到赞扬时感到开心。你也是吗？如果你想赞扬某个人，你可以这样说：

"好酷，你可以这么好地……"

"你知道我喜欢你什么吗？你真是……"

下面这些词语可以帮到你：

让人愉悦

放松　有创造力

勇敢　　善于社交

甜蜜

坚强　酷　友善

开心

给出一个赞扬

你知道我特别喜欢你什么吗？

不知道？

不知道？！

那你真是特别蠢了……

非常好！差一点就赞扬成功了！

"为你时间"

不用急于求成，先从每天5分钟的"为你时间"（为别人做事而不求回报）开始。比如，给你的奶奶打电话，给不认识的小朋友一块曼妥思糖，给某人一个"哇"式的赞扬。事先想好这个星期你要花5分钟做的事情，那么你每天都会剩下23小时55分钟的时间给自己啦！

小贴士

使用"哇"式的赞扬，使它尽可能特别，不要说"干得好"，而是说"哇，你写东西好厉害"！

为我时间

5分钟的"为你时间"

读心术的力量

你知道吗？即使没有水晶球你也能够知道别人的想法。你只需用耳朵真诚地倾听，就会了解别人的真实想法。如果你想真正地理解班上那个安静的男孩，就得去了解他心里的想法。或许你在疑惑这跟友好有什么关系，答案就是每个人都有被理解的需求，即使是你的脾气暴躁的叔叔或者凶巴巴的邻居阿姨。所以，倾听不仅是为你自己，也是为对方。

现在是时候把世界上最棒的倾听诀窍的代码告诉你了，凭借它，你可以知道每个人在各种状态下的想法。这个代码就是LSD（倾听、总结、追问）。如何应用这个诀窍呢？先看看下面这个例子吧。

你的朋友到你家来痛哭一场，因为他的猫Sammy突然死了。

倾听：认真倾听对方的讲述，用简短的词语鼓励对方讲下去："嗯……""呃……""讲讲……"

不要讲你自己的经历来填补对话中间的空白。

所以不要对你的朋友说："我的仓鼠也死了，这其实让我如释重负，因为我不用每天去清理它的笼子了。"

总结：简短地总结对方的讲述，并询问对方自己总结得对不对。这样不仅可以检查自己是否听明白了，同时也让对方知道你确实在倾听。你可以说："所以你因为没能陪Sammy去看兽医而感到内疚？"

追问：就对方刚才的讲述进行追问。主要问一问在对方的故事中你感兴趣的部分。

"你最怀念的是不是Sammy坐在你怀里的时候？"

练习6

现在就找家里的某个人一起练习LSD诀窍吧。如果家里没人就给其他人打电话。当你发觉你想要讲自己的事情时，闭上嘴巴。

进行得怎么样？尝试不讲自己的事情还挺难的吧？只要你每天（在任意一次对话中，比如和你的朋友、教练、邻居、家人）坚持练习LSD诀窍5分钟，你就会成为一位杰出的读心术者。记住，如果你只是一味地讲，你往往会重复你已经知道的；而如果你去倾听，你不仅帮助了对方，自己也能学到新的东西。

倾听的力量

当别人遇到困难的时候，你的第一反应可能是立即去思考各种各样的解决方法，然而实际上善于倾听的耳朵往往比你的建议更能帮助对方。假设你最好的朋友遇到不开心的事，或许你会想安慰她说："别想太多，开心一点！"但实际上你的朋友更需要的是在你旁边好好地哭一场。所以，你更应该向她提问并听听她的所想所感。你的朋友也会因此备感欣慰。

挑战你的爸爸妈妈

赞扬大赛

将写着"踩我"的小纸条贴在某个人的背上的小把戏你应该不陌生吧？现在就和你的爸爸妈妈一起玩这个游戏吧，不过纸条上要写赞扬的词，比如给你的妈妈贴上"真高兴您又来看我的柔道课"。纸条要贴在对方的背上一整天，最好不要让对方发现！这个星期，谁在对方背上贴了最多的赞扬小纸条，谁就获胜。

一张纸条，费小力气，有大乐趣！
谁会获得最多的你给的赞扬小纸条呢？

奖励

成功了吗？

一起思考一项丰厚的奖励！
如果你的爸爸或妈妈赢了，奖励是

如果你赢了，更为丰厚的奖励是

终极挑战

祝福语

友好

　　如果你心里想的是消极的词语，就会把自己的大脑塑造成否定式的大脑。比如，当你经常想着"不过"这个词时，就会自作聪明地持有"是的，不过"的态度。反之也是同样的道理：如果你心里想的是友好的词语和句子，你就会变得更友好。祝福语是一种让自己变得更友好的超能力。那是你能给予自己或者其他人的美好祝福的句子。

你要做什么？

　　这个星期，在你醒来的每个早晨用1分钟的时间重复你对自己的美好祝愿，比如"我祝愿自己幸福并满足"。接下来的1分钟，重复对别人的美好祝愿，比如"我祝愿你踢进制胜的一球"。利用这个方法让自己变得更加友好和快乐！

小贴士

　　你也可以偷偷地送出祝福：悄悄祝愿脾气暴躁的邻居有美好的一天，或者在课堂上祝自己好运。这样，你就可以在别人不知情的情况下训练自己的友好超能力。

这个星期你进行祝福语练习了吗？

为了获得终极大奖，记得在旁边的圆圈和你的协议上打勾。

写给你的爸爸妈妈的一段无聊的话

　　很多孩子是希望说出更多赞扬的词语的，但往往会感到词汇量贫乏。你可以在公用空间，比如厨房的冰箱上挂一张赞扬词汇清单。每当你们发现一个形容某种优秀品质的新词汇时，你就把它写在清单上。这对你自己也是一个立竿见影的好练习。

15

行动力

实现你
最顽皮的梦想

你想出名吗？我猜你的答案很可能是肯定的，因为出名对很多孩子来说是生命中最重要的目标之一。很可能你认为，出名后你就能得到所有想要的：赞扬、朋友、成堆的钱、自由的时间、糖果、梦中情人，还有一个给你系鞋带和擦屁股的管家。相当多的孩子也真的相信自己会出名。

也许你会觉得大受打击，但事实是你出名的概率相当小。而且即使你成功了，你也不一定会因此变得幸福，因为幸福感源于那些你认为做起来有趣而且重要的事情。

练习1

如果你做的所有事情都能成功，你会做什么？你的终极梦想是什么？登上珠穆朗玛峰？消除全球贫困？成为演员？阻止气候恶化？或者成立一家巨型公司让自己可以像史高治·麦克老鸭一样在自己的钱里游泳？*闭上眼睛1分钟，尽可能地设想你的终极梦想，并把它写下来。

我梦到自己超级出名……每个人都想成为我的朋友……想要和我合影……还有……还有……还有……

真是个可怕的噩梦！

我的终极梦想

*挺脏的，在钱里游泳！每张纸币上大约有11000个病菌。
把那张脏钱寄给我吧，我会帮你扔掉它。

你思考的东西——一个由空气（事实上是你大脑里的电流）组成的梦想非常特别，它不仅可以颠覆你自己的生活，还会改变其他人的生活。因此，梦想的力量是一种超能力。读一读下面这个真实发生的故事。

玛丽在12岁时有一个梦想，就是要替一位发展中国家的贫穷女孩支付学费，让她可以上学。于是，她开始售卖自己做的头饰。如今，她已经卖出了超过11000件头饰，而且资助了超过100位女孩上学！

实现梦想的力量

梦想只有一个小缺点——它们常常无法实现。你知道为什么吗？那是因为很多人不能迈出实现梦想的第一步，而是宁愿找个借口拖拖拉拉："我以后会做的。"人们还会认为仅仅做一个有关梦想的白日梦同样很实用，因为只要**你不去追求梦想，它们就不会破灭**。

有时候人们的确迈出了第一步，但是却又太早放弃。这又是为什么呢？因为有时候我们的梦想在别人眼中看上去很容易实现，但是表象是有欺骗性的。观众爆棚的脱口秀演员要在书桌前坐几百个小时来构思段子，历经无休止的练习，并且遭遇几千次的冷场。所以，如果你想实现梦想，不要太早放弃。

你付出过大量努力的往往是你生命中最有趣和美好的事情。所以，在本章中我将帮助你用4个步骤实现你最顽皮的梦想。**使你不会太早放弃或者掉进"我以后会做"的陷阱。**

剧透慎入

有时候你的梦想会破灭，你的计划会落空，但这完全没有关系，因为其中的乐趣正是你为实现梦想所做的各种尝试。而且在这个过程中你会碰到很多其他更适合你的梦想。只要你坚持尝试！

1. 醒过来！

大的梦想始于小的步伐。在尼尔·阿姆斯特朗（Neil Armstrong）还是个小男孩的时候就梦想着能去月球旅行。他为此付出了极大的努力：阅读几十本关于宇宙的书，在学校努力学习，给太空专家写信……1969年，39岁的尼尔成为第一个踏上月球的人。朝向你的梦想的每一小步都是宝贵的，**所以最重要的是开始行动。**

练习2

再看一看你写下的梦想。为了实现梦想，你可以迈出的第一小步是什么？比如，开始上表演课，看和表演相关的短视频，或者报名去做绿色和平组织的志愿者。你打算什么时候做？写下来吧。

第一小步

_____

_____

你打算什么时候做？

_____

_____

小贴士

我可以的你可以的

知道你每分钟会对自己说多少个词语吗？300~1000个！研究表明，用第二人称（你）跟自己说话要比用第一人称（我）更容易给自己动力。所以，当你想给自己鼓劲时，比如当你想鼓励自己去做一件不敢尝试的事时，你最好对自己说："你可以的！"而不是"我可以的！"

2. 意志力

有时候你想要的太多，有时候你又对什么都提不起兴趣。当你躺在沙发上无所事事时，你会想："成为专业篮球运动员的梦想留给明天吧。"凭借意志力，你可以迫使自己去做一开始不太情愿的事情，比如为了取得好的成绩，尽管你也想打游戏，但你仍然在做家庭作业。但是要小心！你的意志力就像一块电池，一旦电池没电了，游戏就结束了。当然这里的游戏结束指的是你的家庭作业，因为打游戏不需要意志力。幸好我有一个超级诀窍要教给你，让你可以尽可能多地节省意志力，保存充足的电量来实现梦想。

"等我长大了，就不用再等自己长大了。"

——小露丝

"当……我要……"的诀窍

其实你早就知道自己的陷阱是什么。比如，依据你以往的经验，你知道自己在放学后会像一袋土豆一样瘫倒在沙发上，因为你很累。如果你提前对自己放学回家后最希望有的行为举止进行生动的想象，就会让你跳出这个陷阱。例如："当我放学后正准备瘫倒在沙发上时，我要开始给自己的游戏编程。"或者"当我早晨系好鞋带时，我要练习第7章里的呼吸诀窍。"这个诀窍可以让你事先尽可能清晰地设想各种场景，帮助你更好地遵守自己的约定。科学家指出，这个诀窍可以让你实现目标的概率提高3倍，因为借助这个诀窍你不需要占用很多的意志力。

练习3

你认为自己在实现写下的那个梦想的过程中可能会遇到哪些陷阱？

陷阱	造成什么影响？	怎样跳出陷阱？
赖床	在床上待太长时间	马上起床，还可以冲个澡

1. _____ _____ _____
   _____ _____ _____

2. _____ _____ _____
   _____ _____ _____

3. _____ _____ _____
   _____ _____ _____

填好表格后，闭上眼睛对新的场景进行设想。这个场景在你脑海中重复的次数越多，你实现梦想的概率就越大。

追求你的梦想？

我昨天下午试了一下……

没有成功……

真可惜！

3. 你体内的超级英雄

练习4

你希望成为哪位超级英雄？蝙蝠侠？超人？或者哈利·波特？你也可以自己构想出一位超级英雄，比如恼人侠，他们对抗邪恶的方法是让流氓烦恼不堪（比如一直在他耳边重复"空气是自由的"，同时在离对方脑袋很近的地方讨厌地挥舞双手），最终跪地求饶，只求恼人侠停止他的讨厌行为。

聪明、坚强、强壮、有趣、友善、有创造力。

你的超级英雄：

_____

这位英雄拥有哪些积极的品质？写下其中的5个：

1. _____
2. _____
3. _____
4. _____
5. _____

或许你认为自己需要获得法力、激光束或者飞行能力来成为一个超级英雄，但是每个人身上都有一些和超级英雄相似的品质。想一想你身边的超级英雄们：每个星期六教难民小朋友学荷兰语的伯伯，替别人打抱不平的同学，空手道黑带、眨眼间就把体型庞大的肌肉男放倒的邻居阿姨。

练习5

看一看你在练习4中写下的超级英雄拥有的品质。这些积极品质中的哪一些是你自己也具备的，哪怕只有一点点？至少写出两种。

1. _____

2. _____

你还有哪些积极的品质？把它们写在下面：

_____

_____

_____

横线的位置写不下你所有的积极品质吗？那就在这里接着写！

如果你至少说出了两种积极的品质，那么你已经和你的超级英雄有点像了。借助你的积极品质，将你的梦想转化成实际行动，因为它们是你用来构筑梦想的乐高积木，是你前进的能量和动力。沃尔特·迪斯尼（Walt Disney）被报社解雇是因为老板认为他缺乏想象力和好的点子。幸好坚持不懈是他的积极品质，所以他没有被动摇，要是他放弃了，你就永远不会认识唐老鸭！

小贴士

积极的品质就像肌肉，如果你训练它们，它们会变得强壮，如果你对它们置之不理，它们就会变得松软无力。因此，每天都要关注你的积极品质，每次在你准备做困难的事情之前告诉自己："是的，我现在准备动用我的积极品质_____了。"让自己因此而露出越来越多的笑容。

137

4. 别人的力量

可以大家一起完成的事情，有必要一个人如此费劲吗？没有别人的帮助，你是无法实现自己的梦想的。**寻求支持不是无能，而是力量的象征。** 你完全可以请你的叔叔教你修车，请教你的美术老师怎样做一本连环画，或者写一封信给荷兰国王威廉·亚历山大（Willem Alexander），问他能不能收养你，让你可以成为王子或公主（可能性很小，但谁知道呢☺）。而且，与别人分享你的梦想也是有益的，让你得到监督，得到别人的祝福和支持："你可以的！"或者"你这样做真是有胆量！"但是要小心！读完下面的这个故事，好好地思考一下自己是否该听从别人的建议。

山顶的故事

一只山羊特别想爬到山顶。在它往上爬的时候，它周围的所有山羊都在对它喊："停下！那是不可能的，你会死的！"但是这只山羊是聋的，它误以为大家是在给它鼓劲。它认为自己得到了朋友们的支持，于是更加坚持不懈。最后它到达了山顶！幸亏它听不到其他山羊的话，不然它很可能无法成功。

挑选顾问非常重要，因此，你要用心寻找和你志同道合并真正可以鼓励你的人，而不是只能看到问题的人。最后的"终极挑战"将进一步帮助你练习。

挑战你的爸爸妈妈

实现梦想

你或许没有想过，其实你的爸爸妈妈也有梦想。让你的爸爸妈妈讲一讲他们在你这个年纪时的梦想，他们现在仍然怀有什么梦想以及他们碰到过什么陷阱。

太容易了吗？别急……因为他们在讲的过程中不能说"呃""是""不"这些词。向他们提很多问题来提高难度（比如你那时做了什么？你害怕自己的梦想不能成真吗？）。

我要追求
我的梦想
我要追求
我的梦想
我要追求
我的梦想

追求你的梦想？

是的……
我已经想了有
一会儿了……

如果他们失误了5次，你就获胜了。在下面记录他们失误的次数。

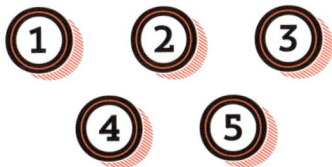

① ② ③

④ ⑤

嘿嘿，
（不）容易！
（但这就不用告诉你的
爸爸妈妈了）

奖励

获胜了吗？

你将赢得一个游戏之夜，由你来决定玩什么游戏。

或许你会发现你的爸爸妈妈和你一样，有时会觉得梦想很难实现。所以，帮助他们，给他们讲讲本章中的"小贴士"吧。

终极挑战

行动力

追求梦想＝寻求帮助

给你一个大大的赞，这是你的最后一个挑战！

写下3个你打算和他分享你的梦想的人（比如你最好的朋友或者你的老师），并告诉他们你打算实施哪些步骤，你的哪些积极品质会给你帮助。

1. _____

2. _____

3. _____

写下1个你在实现梦想的过程中打算求助的人。

_____

你会在什么时候向这个人求助？

_____

15个终极挑战你都完成了吗？

那么这将是你的最后一个勾了。不要忘记，你的协议上面也要有一个勾哦。

写给你的爸爸妈妈的一段无聊的话

　　孩子们通常都有大的梦想，只是有时候不敢去尝试或者早早地就被扼杀在摇篮里。让你的孩子知道，实现梦想的过程通常伴随着挑战和失败。经常和孩子分享你在实现梦想的过程中遇到的挑战。孩子们通常不会意识到父母也会遭遇挫折，他们想当然地认为对他们的父母来说什么都很容易。

耶！

和自己击个掌
你完成了所有的挑战！

在这里击掌！

快把
终极大奖
拿来！

感谢语

  如果把写作比作人的身体，那么心脏便是作者，四肢和器官则是围绕在作者身边的所有人。Maven出版社的团队（莉迪亚、桑德、艾玛、玛丽·斯嘉、艾芙琳、诺艾勒、肖珂耶、贾碧娜）很明显就是臀部——有力、柔软，时刻提供有力的支持。再次感谢艾玛的专业和贡献，我们相处得很愉快。玛丽·斯嘉，向你充满智慧的建议致敬。莉迪亚，你高超的营销技巧足以将花的球茎当作棕色钻石出售。诺艾勒，你是团队新的宝贵财富。而桑德，谢谢你大有助益的冷眼旁观。右手——马克·特霍斯特，谢谢你完善的语言技巧以及对我杂乱的语句的梳理。海因——本书笑点的来源，你机智动人的插画正好弹在正确的弦上。书的封面要感谢TokTok团队，以及安娜米克和玛丽克，你们富有创造力的点子和制作使本书令人印象深刻。嘴巴是所有给过我慷慨建议的人们——寇切、妮珂莱特、玛尔扬、祖特尔梅尔（南荷兰省第三大城市）的IKC克劳斯亲王小学的五年级同学、莱普威特林（荷兰南荷兰省村镇名）的金德布鲁赫/儿童桥（De Kinderbrug）小学、雅克布、玛艾耶、布特和费利安，非常感谢你们的无私付出。艾丽莎，我的生命之爱，你不光是耳朵，也是眼睛，一位"讨厌"的好读者，对你来说语言往往是多余的，你的眼神暴露了所有（尤其是我的失误）无法忍受的美好。阿瓦，你是这本书的灵魂，是我为这本书竭尽全力的动力。愿你和所有的孩子们一样生活在一个更健康的世界，拥有一颗更健康的心灵。

参考文献

1 Veraska, Aleksander N. and Aleksandra E. Gorovaya 'Effect of imagination on sport achieve-ments of novice soccer players.' *Psychology in Russia* 4 (2011): 495-504.

http://psychologyinrussia.com/volumes/pdf/2011/32_2011_veraksa_gorovaya.pdf (January 2019).

2 Jenkins, Margaret H. 'The effects of using mental imagery as a comprehension strategy for mid-dle school students reading science expository texts', dissertation, 2009.

Farrand, Paul, Fearzana Hussain and Enid Hennessy. 'The efficacy of the 'mind map' study tech-nique.' *Medical education* 36.5 (2002): 426-431.

Van Tilburg, Miranda A.L. et al. 'Audio-recorded guided imagery treatment reduces functional abdominal pain in children: A pilot study.' *Pediatrics* 124.5 (2009): e890-e897.

http://psychologyinrussia.com/volumes/pdf/2011/32_2011_veraksa_gorovaya.pdf (January 2019).

https://www.psychologytoday.com/intl/blog/the-power-imagination/200910/banish-belly-and-other-aches-guided-imagery-helps-kids-ease-tummy (January 2019).

3 Goyal, Madhav et al. 'Meditation programs for psychological stress and well-being: A systematic review and meta-analysis.' JAMA, *Journal American Medical Association* 174.3 (2014): 357-368.

4 For more information please visit https://www.kidsmatter.edu.au/mental-health-matters/soci-al-and-emotional-learning/making-decisions.

5 Read also: Amen, Daniel. *Captain Snout and the Super Power Questions*. Grand Rapids: Zonder-kidz, 2017.

6 Talwar, Victoria and Kang Lee. 'Development of lying to conceal a transgression: Children's control of expressive behaviour during verbal deception.' *International Journal of Behavioral Development* 26.5 (2002): 436-444.

7 Inspired by the story of Dan Millman 'Courage' from Canfield, Jack. *Chicken Soup for the Soul*: 20th Anniversary Edition. New York: Simon and Schuster, 2013.

8 Nakao, Kazuhisa et al. 'The influences of family environment on personality traits.' *Psychiatry and Clinical Neurosciences* 54.1 (2000): 91-95.

9 Harlow, Harry F. and Robert R. Zimmerman. 'Affectional responses in the infant monkey.' Science 130.3373 (1959): 421-431.

10 https://greatergood.berkeley.edu/article/item/what_parents_neglect_to_teach_about_gratitude.

11 Dweck, Carol S. *Mindset: The new psychology of success*. New York: Random House Digital, Inc., 2008.

Baumeister, Roy, et al. 'Does high self-esteem cause better performance, interpersonal success, happiness, or healthier lifestyles?' *Psychological Science in the Public Interest* 4.1 (2003): 1-44.

12 https://www.express.co.uk/news/science/741074/25-hour-day-earth-orbit-slowing (August 2018).

13 https://www.psychologytoday.com/us/blog/mental-wealth/201402/gray-matters-too-much screen-time-damages-the-brain.

Zhou, Yan et al. 'Gray matter abnormalities in internet addiction: A voxel-based morphometry study.' *European Journal of Radiology* 79.1 (2011): 92-95.

Yuan, Kai et al. 'Microstructure abnormalities in adolescents with internet addiction disorder.' PLOS ONE 6.6 (2011): e20708.

Weng, Chuan-Bo et al. 'Gray matter and white matter abnormalities in online game addiction.' *European Journal of Radiology* 82.8 (2013): 1308-1312.

Weng, Chuan-Bo. et al. 'A voxel-based morphometric analysis of brain gray matter in online game addicts.' *Zhonghua yi xue za zhi* 92.45 (2012): 3221-3223.

14 http://www.dana.org/Briefing_Papers/The_Truth_About_Research_on_Screen_Time/#_edn15.

15 https://www.verywellfamily.com/tips-for-limiting-electronics-and-screen-time-for-kids-1094870.

协 议

完成的终极挑战

○ 第1章　　　○ 第6章　　　○ 第11章

○ 第2章　　　○ 第7章　　　○ 第12章

○ 第3章　　　○ 第8章　　　○ 第13章

○ 第4章　　　○ 第9章　　　○ 第14章

○ 第5章　　　○ 第10章　　　○ 第15章

快选取你的终极大奖吧！

○ 任选一个想去的游乐园畅玩一天

○ 普通的一天收到一份超级生日大礼

○ 角色互换之夜*

○ _____

终极大奖

我郑重承诺，守此约定。

承诺人签名：　　　　　　　爸爸妈妈 / 看护人签名：

_____　　_____

*角色互换之夜：是指当夜晚来临时，你和爸爸妈妈互换角色——你成了"爸爸或妈妈"，而你的爸爸妈妈则成了"你的孩子"。这意味着，到了平时你该上床睡觉的时间，你要把爸爸妈妈哄上床，可能还要给他们讲个睡前小故事。接下来，晚上剩下的时间都是你的啦！就像你的爸爸妈妈那样，自己决定看多久电视、吃什么零食以及几点睡觉。

按照下面的步骤赢取你的终极大奖

- 每一章的末尾都有一项终极挑战，完成每一项挑战后，你就在这份协议对应的选项上打个勾。

- 集齐15个勾了吗？如果是，终极大奖就是你的啦！

- 现在就和爸爸妈妈*一起选定终极大奖吧。协议上有3个终极大奖供你选择，当然你也可以自己想出一个。

- 记得让你的爸爸妈妈签上名字，否则这就不是一份真正的协议！

你也可以把这份协议打印出来，贴在墙上。

* 你可以和爸爸妈妈一起完成书中的挑战任务。当然，你也可以和其他大人一起完成，比如爷爷、奶奶、邻居家的阿姨或者其他和你亲近的人。本书中提到的"你的爸爸妈妈""你的爸爸""你的妈妈"指的都是和你一起完成挑战的人。

1

在脑袋里
无拘无束地"看电影"

在你完成任务的日期上打勾

日期	完成情况
星期一 〇	
星期二 〇	
星期三 〇	
星期四 〇	

日期	完成情况
星期五 ⃝	
星期六 ⃝	
星期日 ⃝	

7天都完成了吗？ 完成挑战！ ⃝

在圆圈里打勾，记得也要在协议上打勾。

心得体会：

2

像激光束一样
全神贯注

在你完成任务的日期上打勾

日期	完成情况
星期一 ⭕	
星期二 ⭕	
星期三 ⭕	
星期四 ⭕	

日期	完成情况
星期五 ○	
星期六 ○	
星期日 ○	

你每天都进行呼吸计数练习了吗？ ○

为了获得终极大奖，千万别忘记在旁边的圆圈内和协议上面打勾！

心得体会：

3

训练你的
"自动机器人"

在你完成任务的日期上打勾

日期	完成情况
星期一 ⭕	
星期二 ⭕	
星期三 ⭕	
星期四 ⭕	

日期	完成情况
星期五 ◯	
星期六 ◯	
星期日 ◯	

你每一天都使用"HO"超能力了吗? ◯

为了获得终极大奖，记得在右侧的圆圈和你的协议上打勾。

心得体会:

4 成为自己的国王

在你完成任务的日期上打勾

日期	完成情况
星期一 ⭕	
星期二 ⭕	
星期三 ⭕	
星期四 ⭕	

日期	完成情况
星期五 ◯	
星期六 ◯	
星期日 ◯	

你每一天都做到用一个支持者来替代一个欺凌者了吗？ ◯

为了获得终极大奖，记得在旁边的圆圈和你的协议上打勾！

心得体会：

5

培养英雄气概

诚 实

在你完成任务的日期上打勾

日期	完成情况
星期一 ◯	
星期二 ◯	
星期三 ◯	
星期四 ◯	

日期	完成情况
星期五 ○	
星期六 ○	
星期日 ○	

你遵守这份诚实协议了吗？
太棒了！挑战完成！

为了获得终极大奖，记得在旁边的圆圈和你的协议上打勾。

心得体会：

6

会会你的
5位超级朋友

在你完成任务的日期上打勾

日期	完成情况
星期一 ⭕	
星期二 ⭕	
星期三 ⭕	
星期四 ⭕	

日期	完成情况
星期五 ⭕	
星期六 ⭕	
星期日 ⭕	

所有的日期都打勾了吗？
恭喜你挑战成功！

⭕

为了获得终极大奖，千万记得在旁边的圆圈和你的协议上打勾！

心得体会：

7

施展变怒为喜
的魔法

愤 怒

在你完成任务的日期上打勾

日期	完成情况
星期一 ○	
星期二 ○	
星期三 ○	
星期四 ○	

日期	完成情况
星期五 〇	
星期六 〇	
星期日 〇	

这个星期的终极挑战完成了吗？ 〇

为了获得终极大奖，千万记得在旁边的圆圈和你的协议上打勾！

心得体会：

8

勇于尝试畏惧的事情

恐 惧

在你完成任务的日期上打勾

日期	完成情况
星期一 ⭕	
星期二 ⭕	
星期三 ⭕	
星期四 ⭕	

日期	完成情况
星期五 ◯	
星期六 ◯	
星期日 ◯	

你战胜了你的"害怕侠"吗？
太棒了，终极挑战完成。

在旁边的圆圈和你的协议上打勾吧。

◯

心得体会：

9

发现你的
隐秘盟友

在你完成任务的日期上打勾

日期	完成情况
星期一 ○	
星期二 ○	
星期三 ○	
星期四 ○	

日期	完成情况
星期五 〇	
星期六 〇	
星期日 〇	

终极挑战完成了吗？

记得在旁边的圆圈和你的协议上打勾。　〇

心得体会：

10

成为自己的
快乐DJ

在你完成任务的日期上打勾

日期	完成情况
星期一 ○	
星期二 ○	
星期三 ○	
星期四 ○	

日期	完成情况
星期五 ◯	
星期六 ◯	
星期日 ◯	

完成了这个星期的反抱怨游戏了吗？太棒了！◯

为了获得终极大奖，千万记得在旁边的圆圈和你的协议上打勾。

心得体会：

11

和惹怒你的人
（欺凌者）打交道

在你完成任务的日期上打勾

日期	完成情况
星期一 ○	
星期二 ○	
星期三 ○	
星期四 ○	

日期	完成情况
星期五 ⬤	
星期六 ⬤	
星期日 ⬤	

完成终极挑战了吗？

⬤

为了获得终极大奖，记得在旁边的圆圈和你的协议上打勾。

心得体会：

12

成为
"失败国王"

在你完成任务的日期上打勾

日期	完成情况
星期一 〇	
星期二 〇	
星期三 〇	
星期四 〇	

日期	完成情况
星期五 ◯	
星期六 ◯	
星期日 ◯	

你成功地给自己写了一封友好的信吗？ ◯

为了获得终极大奖，记得在旁边的圆圈和你的协议上打勾。

心得体会：

13

战胜屏幕魔鬼

在你完成任务的日期上打勾

日期	完成情况
星期一 〇	
星期二 〇	
星期三 〇	
星期四 〇	

日期	完成情况
星期五 ◯	
星期六 ◯	
星期日 ◯	

终极挑战完成啦？ ◯

为了获得终极大奖，记得在旁边的圆圈和你的协议上打勾。

心得体会:

14

使用你的
秘密回旋镖

在你完成任务的日期上打勾

日期	完成情况
星期一 ⭕	
星期二 ⭕	
星期三 ⭕	
星期四 ⭕	

日期	完成情况
星期五 〇	
星期六 〇	
星期日 〇	

这个星期你进行祝福语练习了吗？ 〇

为了获得终极大奖，记得在旁边的圆圈和你的协议上打勾。

心得体会：

15

实现你
最顽皮的梦想

在你完成任务的日期上打勾

日期	完成情况
星期一 ○	
星期二 ○	
星期三 ○	
星期四 ○	

日期	完成情况
星期五 ○	
星期六 ○	
星期日 ○	

15个终极挑战你都完成了吗？ ○

那么这将是你的最后一个勾了。不要忘记，你的协议上面也要有一个勾哦。

心得体会：